HARALD LESCH

KOSMO LOGISCH

W0176459

HARALD LESCH

KOSMO LOGISCH

DER ANFANG VON ALLEM
DIE ENTSTEHUNG DES HIMMELS
VOM STEIN ZUM LEBEN

Originalausgabe
1. Auflage 2017
Verlag Komplett-Media GmbH
2017, München/Grünwald
www.komplett-media.de
ISBN: 978-3-8312-0454-0
Auch als E-Book erhältlich

Lektorat: Klaus Kamphausen
Korrektorat: Redaktionsbüro Diana Napolitano, Augsburg
Umschlaggestaltung: Guter Punkt, München
Satz: Daniel Förster, Belgern
Druck & Bindung: CPI books GmbH, Leck
Printed in Germany

Für die Mitarbeit an diesem Buch
bedanke ich mich herzlich bei
Klaus Kamphausen.

INHALT

KOSMO-LOGISCH

Alexander von Humboldts zentrales Werk heißt »Kosmos – Entwurf einer physischen Weltbeschreibung«. Grundlage waren 16 öffentliche Vorträge, die der Naturforscher im Winter 1827/28 im großen Saal der Berliner Singakademie hielt. Diese Vorlesungen zählen zu den Sternstunden der Geschichte der Wissenschaftspopularisierung oder der Public Understanding of Science, wie man heute sagen würde. Das Besondere an diesen Vorlesungen: Humboldt erreichte Menschen ganz unterschiedlicher Herkunft. Das soziale Spektrum reichte vom Maurermeister bis zu König Friedrich Wilhelm III. Der Eintritt war frei. Auch einkommensschwache Bevölkerungsgruppen hatten so die Chance, sich mit den Ergebnissen naturwissenschaftlicher Forschung auseinanderzusetzen. Beispiellos: Die hohe Besucherzahl. Wie berichtet wird, konnten in jeder Vorlesung mehr als 800 Besucher, darunter auffallend viele Frauen, gesichtet werden.

Auch ein zeittypischer Macho-Witz machte die Runde: »Der Saal fasste nicht alle Zuhörer, und die Zuhörerinnen fassten nicht den Vortrag.« Darüber lachte »Mann« vor 200 Jahren.

Friedrich Wilhelm Heinrich Alexander von Humboldt (1769–1859)

Humboldts Vorträge an der Singakademie bildeten die Grundlage für sein späteres Werk »Kosmos«, in welchem er schreibt: »Wissen und Erkennen sind die Freude und die Berechtigung der Menschheit.« Wissen und Erkennen – nicht als Produktionsfaktor, nicht als Ressource, nicht als Humankapital, nicht als individuelle Pflicht und Anforderung, für die Schule oder für das Leben lernen zu müssen, sondern als Freude und Berechtigung, weil es einfach schön ist, etwas zu erkennen, weil es Freude bereitet, an der Welt etwas besser zu verstehen.

Harald Lesch versucht, etwas von diesem humboldtschen Anspruch unter den Bedingungen der Wissensgesellschaft einzulösen. Wie kommt einer, der 1960 in Hessen als Sohn eines Gastwirts geboren wurde dazu, sich für Astrophysik zu interessieren?

Dazu eine Selbstauskunft:

»Als die Amerikaner auf den Mond geflogen sind, war ich neun.«
BILDNACHWEIS: Komplett Media

Ich bin 1960 geboren. Das heißt, als die Amerikaner auf den Mond geflogen sind, war ich neun. Und heute weiß man, dass Kinder in diesem Alter außerordentlich empfindsam sind für Richtungsentscheidungen. Wenn da was Wichtiges passiert in ihrem Leben, dann ist es das, was sie leiten wird. Ich bin in einer Zeit aufgewachsen, in der man der Technik viel zugetraut hat.

Die Zukunftsvisionen der 1960er-Jahre – wie es im Jahr 2000 aussehen wird – sind bombastisch gewesen. Ich war sehr von der amerikanischen Weltraumfahrt beeindruckt. Das hat mich schon sehr früh interessiert. Die Astronauten waren ja auch Helden, das waren Jungs, echte Bringertypen, würde man sagen. Die waren auch das, was man heute unter »cool« versteht. Das war einfach Klasse. Dass die zum Mond geflogen, da oben gelandet sind, das hat mich durchgeknetet bis zum Gehtnichtmehr. Natürlich wäre ich am liebsten Astronaut geworden, aber das hat nicht geklappt.

Da gibt es eine nette Anekdote am Rande: Ich hatte einen Brief mit Passfoto von mir an die NASA geschickt. Dazu muss man wissen, dass ich seit meinem dritten Lebensjahr eine Brille trage. Und die NASA schrieb tatsächlich zurück: Erstens nehmen wir keine deutschen Astronauten und zweitens keine Brillenträger. Damit war für mich der Fall erledigt. Sie empfahlen mir aber, ich solle doch dann Astronom werden. Ich habe mich dann relativ früh entschlossen, Physik zu studieren und muss sagen: Es war gut so.

DER ANFANG VON ALLEM

Eine kurze und knappe Geschichte der Entstehung des Universums. Ausgangspunkt ist der Blick in den Sternenhimmel. Die Reise geht bis an den Tag ohne Gestern.

Ich werde in drei Vorlesungen etwas tun, was der große Alexander von Humboldt in seinem Werk »Entwurf einer physischen Weltbeschreibung«[1] zusammengefasst hat.

Das beeindruckt mich sehr, wie jemand im 19. Jahrhundert versucht hat, alles zusammenzusammeln, was man über die Welt weiß und es dann so darzustellen, dass es auch verständlich ist.

---

[1]   *KOSMOS, Entwurf einer physischen Weltbeschreibung,* Alexander von Humboldt. Das fünf Bände umfassende Werk erschien zwischen 1845 und 1862. Ein aufwendige Neuauflage erschien 2004 im Eichborn Verlag in »Die Andere Bibliothek«, herausgegeben von Hans Magnus Enzensberger.

Also zumindest bis zu dem gewissen Punkt, an dem man sagen kann:

»Ja, was die da sagen und denken, das klingt plausibel.«

Wir nähern uns dem Universum über die Literatur und zwar mit einem meiner absoluten Lieblinge, den »Bekenntnissen des Hochstaplers Felix Krull« von Thomas Mann. Es ist sein letzter Roman, leider unvollendet. Es geht um den Hochstapler Felix Krull. Der steigt in seiner Rolle als Marquis Louis de Venosta eines Tages in einen Zug nach Lissabon.

In diesem Zug trifft er Professor Kuckuck. Beide kommen ins Gespräch. In diesem Dialog erklärt Professor Kuckuck Felix Krull alias Marquis Louis de Venosta die Welt. Unter anderem damit, dass er mit der Kosmologie, die ich auch gleich aufmachen werde, richtig tief in die Kiste greift.

Professor Kuckuck erklärt Folgendes: »Ohne Zweifel, sagte er, sei nicht nur das Leben auf Erden eine verhältnismäßig rasch vorübergehende Episode, das Sein selbst sei eine solche zwischen Nichts und Nichts. Es habe das Sein nicht immer gegeben und werde es nicht immer geben. Es habe einen Anfang gehabt und werde ein Ende haben, mit ihm aber Raum und Zeit, denn die seien nur durch das Sein und durch dieses aneinander gebunden. Raum, sagte er, sei nichts weiter als die Ordnung oder Beziehung materieller Dinge untereinander. Ohne Dinge, die ihn einnähmen, gäbe es keinen Raum und auch keine Zeit. Denn Zeit sei nur eine durch das Vorhandensein von Körpern ermöglichte Ordnung von Ereignissen, das Produkt der Bewegung, von Ursache und Wirkung, deren Abfolge der Zeit Richtung verleihe, ohne welche es die Zeit nicht gäbe. Raum- und Zeitlosigkeit aber, das sei die Bestimmung des Nichts. Dieses sei ausdehnungslos in jedem Sinn, stehende Ewigkeit, und nur vorübergehend sei es unterbrochen worden durch das raumzeitliche Sein. Mehr Frist, um Äonen mehr, sei dem Sein gegeben als dem Leben; aber einmal, mit Sicherheit, werde es enden, und mit ebenso viel Sicherheit entspreche dem Ende ein Anfang. Wann habe die Zeit das Geschehen begonnen? ›Wann‹, – Achtung! –, sei die erste Zuckung des Seins aus dem Nichts gesprungen kraft eines ›es werde‹, das mit unweigerlicher Notwendigkeit bereits das ›es vergehe‹ in sich geschlossen habe? Vielleicht sei das ›Wann‹ des Werdens gar nicht so lange her, das ›Wann‹ des Vergehens gar nicht so lange hin, nur einige Billionen Jahre her und hin vielleicht ... Unterdessen feiere das Sein sein tumultuöses, ›das Wort habe ich nie wieder irgendwo gelesen, »sein tumultuöses Fest in den unermesslichen Räumen, die sein Werk seien und in denen es Entfernungen bilde, die von eisiger Leere starren.‹[2]

Meine Güte ...

Die eisige Leere. Sie schauen nachts in den wolkenlosen Himmel und sehen Lichter. Man hat Ihnen gesagt, das seien Sterne. Ein paar wenige Planeten kommen hinzu. Jemand sagt Ihnen, diese Sterne seien Tausende, um nicht zu sagen Abertausende von Lichtjahren von uns entfernt. Das sollte Sie schon aufmerksam machen. Wie kann das sein? Wie kann es sein, dass zwischen diesen Sternen und Ihrem Auge nichts ist, was das Licht verschluckt hat? Bedeutet das tatsächlich gähnende Leere? In der Tat.

Wenn es da draußen etwas gäbe, was das Licht absorbiert, dann würden wir von den Sternen nichts sehen. Das heißt, ein einfacher Blick in den Nachthimmel sagt bereits, das da oben ist ganz anders, als alle Science-Fiction Geschichten uns erzählen wollen.

Science-Fiction Geschichten leben davon, dass immer irgendwas passiert. Die Jungs und die Mädels fliegen von hier unten los, und kaum sind sie irgendwo da draußen im Weltall, schon

---

2 *Bekenntnisse des Hochstaplers Felix Krull,* Thomas Mann, Fischer, Frankfurt am Main, 1989

BLICK IN DEN NACHTHIMMEL: Eisige Leere

treffen sie andere Lebewesen, kommen in haarsträubende Gefahrensituationen ... Alles Quatsch! Da draußen ist es total langweilig. Da ist überhaupt nichts los! Es gibt keinen öderen Platz als das Universum. Ich frage mich manchmal wirklich, warum ich Astronomie mache. Da oben strotzt das Nichts nur so vor abgrundtiefer Leere, und diese Leere wird immer größer. Gut, ich weiß, wir haben oft genug Parkplatzprobleme, und die Aussage, das Universum würde expandieren, stimmt damit nicht überein. Aber glauben Sie es mir, das Universum expandiert tatsächlich. Vor allen Dingen je weiter von uns entfernt, desto schneller.

Es ist tatsächlich so, wir haben da draußen in einem Kubikzentimeter Universum gerade einmal ein einziges Teilchen. Eins! Als Zahl: 1! Die mittlere Dichte des Universums ist sogar ein Teilchen pro Kubikmeter. Da ist überhaupt nix, also gar nix. Nichts.

Heidegger hat noch ein anderes Nichts im Sinn, wenn er von der Nichtigkeit des Lichtes spricht.

Im physikalischen Sinne wäre in einem Kubikzentimeter Universum gar kein Teilchen, sondern es fände sich erst in einem Kubikmeter. Denken Sie daran, hier bei uns auf der Erde sind in einem Kubikzentimeter Luft 100 Trillionen Teilchen! 100 Trillionen!

Wir schauen also in den nachtschwarzen Himmel und machen eine kosmologische Erfahrung. Frage: Wie kann man überhaupt etwas über das Universum erfahren? Die Antwort hätte sicherlich auch Humboldt erfreut: Wenn wir über das Universum reden, dann reden wir über Naturgesetze. Das sind die in mathematische Form gesetzten Periodizitäten, die Regelmäßigkeiten der Wiederholungen im Kosmos. Diese Naturgesetze funktionieren einfach.

In diesem Zusammenhang gibt es ein großes Missverständnis. Bei einer Kommissionssitzung der Europäischen Union wurde über die Stabilität des europäischen Stromnetzes gesprochen. Der Vortragende zitierte dabei immer wieder die sogenannten

»Kirchhoffschen Gesetze«, die den Transport elektrischer Energie in Leitungen beschränken. Das hat er mehrfach getan. Einigen Abgeordneten hat das so nicht gefallen. Sie protestierten: »Wieso Gesetze? Gesetze kann man doch ändern!« Nun, Naturgesetze eben nicht.

Wir gehen davon aus, dass die Naturgesetze, die auf der Erde gelten, auch überall im Universum gültig sind. Das bedeutet, wir müssen uns zunächst einmal darüber klar werden, welche Naturgesetze haben wir denn?

Zum Beispiel die Schwerkraft. Wir brauchen also eine Theorie. Das Wort »Theorie« ist ein Fremdwort und bedeutet eigentlich »Schau«, um präzise zu sein »ein Schauen der Götter«. Wir brauchen also eine Theorie, um mit dieser Anschauung eine Hypothese zu entwickeln. Mit dieser Vorhersage können wir dann vielleicht eine Beobachtung machen, beziehungsweise ein Experiment, das die Hypothese entweder bestätigt oder abschießt.

Ich weiß nicht, ob Sie es wissen, aber von »Wahrheit« wissen wir in den Naturwissenschaften nichts zu sagen. Das heißt nicht, dass wir Lügner sind. Das heißt nur, dass wir nichts verifizieren können. Also glauben Sie mir kein Wort, schon gar nicht einen ganzen Satz. Zweifeln Sie. Nur so sind Sie auf dem richtigen Weg. Seien Sie kritisch, seien Sie vorsichtig, fragen Sie, haken Sie nach. Wenn Sie selbst etwas nicht verstehen, befragen Sie sich ruhig erst einmal selbst. Glaube ich das, oder glaube ich das nicht? Wir können immer nur Hypothesen überprüfen. Das heißt, alles, was ich Ihnen überhaupt erzählen kann, ist immer nur etwas über das Verfahren. Wir haben eine Hypothese und mit der konfrontieren wir das Universum. Wir schauen nach, ob diese Hypothese und ihre Vorhersagen zutreffen oder nicht. Wunderbar.

Wir kommen auf die Welt, und die Welt ist schon da. Das ist das grundsätzliche menschliche Problem. Man fängt ganz klein an und braucht eine ganze Weile, bis man überhaupt irgendwas versteht von der Welt.

Wenn man dann an die Grenzfragen kommt, die großen Themen, namentlich, wenn es um den Himmel geht, stellt man fest, meine Güte, was ist denn da los? Wie soll ich denn überhaupt irgendetwas Vernünftiges über so ein riesiges Etwas denken und sagen? Ich bin ja so klein und allein.

Jaques Monod schrieb in den 1970er-Jahren über Zufall und Notwendigkeit[3] und meinte, wir seien am Rande einer uninteressanten Sonne, die sich irgendwo am Rande einer uninteressanten Milchstraße irgendwo am uninteressanten Rand eines uninteressanten Universums rumtreibt. Das können Sie vergessen. Meiner Meinung nach ist das ein ganz besonderer Platz, an dem wir uns aufhalten: 1. Reihe!

Sie werden sehen, dass sich das Universum unglaublich viel Arbeit gemacht hat, um das alles entstehen zu lassen.

Erinnern wir uns, die Naturgesetze, die wir von der Erde kennen, gelten überall im Universum. Das ist die zentrale Hypothese und ein maximaler Chauvinismus. Sie wissen ja, Chauvinismus ist der Glaube an die Überlegenheit der eigenen Gruppe. Das trifft auch auf uns Physiker zu. Es liegt wiederum daran, dass wir so wahnsinnig erfolgreich sind in dem, was wir tun. Es ist schon irre. Wenn man sich rund 400 Jahre Erdphysik anschaut und wie sich diese irdischen Erkenntnisse ins Universum hinaustransportieren ließen.

2011 wurde ein Nobelpreis für die Entdeckung einer merkwürdigen Form von Energie verliehen. Ich rede von der Dunklen Energie. Wir können sie nicht erklären, wissen nicht, wie sie aussieht,

---

3 *Zufall und Notwendigkeit. Philosophische Fragen der modernen Biologie.* Jaques Monod, Piper, München, 1971.

aber sie wurde entdeckt. Ich weiß nicht, ob Sie es schon bemerkt haben, Nobelpreise gibt es meistens für Entdecker. Erklärungen sind nachher nicht mehr so wichtig. Aber dass die Leute etwas entdecken, ist eine ganz wichtige Sache.

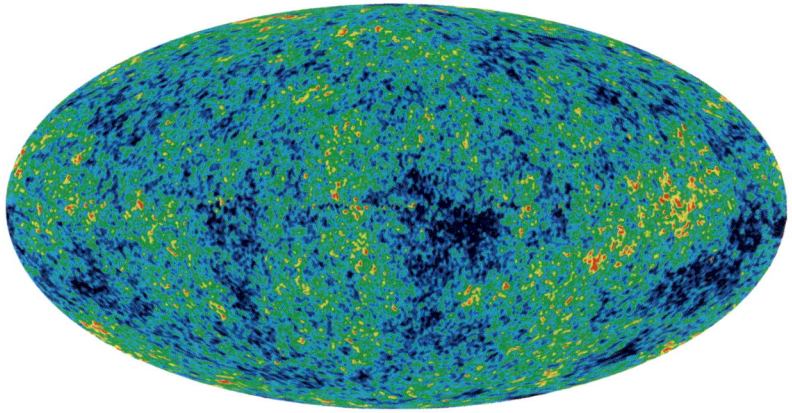

HINTERGRUNDSTRAHLUNG. Temperaturschwankungen in der Hintergrundstrahlung, aufgenommen durch die Raumsonde WMAP (Mission 2001–2010) BILDNACHWEIS: WMAP Science Team, NASA

So wurde zum Beispiel die kosmische Hintergrundstrahlung von Leuten entdeckt, die davon überhaupt keine Ahnung hatten. Die haben alles Mögliche gesucht, nur nicht das. Die hatten sich nur einen Radioempfänger gebaut und eine Antenne reingehängt. Dann hat es gebrummt, was es nicht sollte. Das hat die zwei Forscher, Penzias und Wilson, wahnsinnig gemacht. Für das Rauschen in ihrem Empfänger haben die Pechvögel aber später einen Nobelpreis gekriegt. Die Astronomen-Kollegen waren ziemlich sauer. Ach du Schande, warum hatten die so viel Dusel? Man selbst hatte bisher seit Jahren vergeblich gesucht. Wunderbar.

Die Jungs, über die wir jetzt reden, haben auch einen Nobelpreis bekommen. Sie suchten wirklich nach dem, was sie dann auch fanden. Fangen wir an:

PANORAMA DER MILCHSTRASSE

Das fantastische 360°-Panorama zeigt den kompletten nördlichen und südlichen Sternhimmel und enthüllt damit die kosmische Landschaft, die unseren kleinen, blauen Planeten umgibt. Von der Erde aus sehen wir die Scheibe unserer Heimatgalaxie, der Milchstraße, von innen. Sie erscheint uns daher als Sternenband, das sich quer über den Nachthimmel zieht. In der Projektion des Giga Galaxy Zoom-Bilds der ESO verläuft dieses Band in Bildmitte waagerecht und erzeugt den Eindruck, als befänden wir uns außerhalb der Milchstraße. Die Hauptbestandteile der Milchstraße, von der Scheibe mit Dunkelwolken und hellen Nebelflecken bis hin zu den vergleichsweise kleinen Begleiter-Galaxien, werden dabei deutlich sichtbar. Da sich der Aufnahmezeitraum der Einzelbilder über mehrere Monate erstreckt hat, tauchen an mehreren Stellen Objekte des Sonnensystems auf und wandern durch die Sternfelder, wie zum Beispiel die hellen Planeten Jupiter und Venus.

1929 wurde die Kosmologie richtig interessant, weil Edwin Hubble, ein ehemaliger Rechtsanwalt und Preisboxer – der irgendwie zum Astronomen verkommen war – anfing, genau diese Physik, die in seiner Zeit entdeckt wurde, die Physik von den Atomen und ihrer Art und Weise, Licht abzugeben, zu verwenden. Er schaute sich an, wie sich Dinge im Universum verhalten. Edwin Hubble hat gemessen. Das kann man hier unten auf der Erde ja wunderbar machen ...

Man nimmt ein Glasrohr und füllt ein Gas ein. Bei Erwärmung werden die Atome munter und beginnen ein heißes Tänzchen. Sie wissen ja, wie Atome so sind: Der Kern ist sehr klein, darum herum die Elektronenhüllen. Wenn die Atome richtig aufgeheizt werden, dann springen die Elektronen von einer Hülle zur anderen, oder von einem Energiezustand zum anderen. Dabei wird eine bestimmte Menge an Energie frei. Bei der Beobachtung des Sternenlichts zeigen sich Spektrallinien, die Rückschlüsse auf die Lichtquelle zulassen.

Ich muss das jetzt einschieben: 1929 wusste man gerade einmal neun Jahre, dass unsere Milchstraße nicht die einzige Galaxie im Universum ist. Bis dahin dachte man, diese Nebelfleckchen am Firmament seien irgendwelche Gasnebel. Dass es noch andere Galaxien neben unserer gibt, diese Erkenntnis setzte sich vor 100 Jahren erst so langsam durch. Diese riesigen Sternenansammlungen waren dann auch noch ziemlich weit entfernt, manche aberwitzig weit.

Um die Entfernung zu messen, schaute sich Edwin Hubble die Lichtspektren genau an. Dabei stellte er unerwartete Abweichungen fest. Je weiter die Galaxien entfernt waren, umso mehr waren die Spektrallinien ins Rote verschoben. Wie kann das sein? Hubble war ja nicht doof, er war Physiker und Rechtsanwalt. Da gibt es nur eine Erklärung: Ganz klar, es kann überhaupt nicht anders sein, wie soll es denn sonst sein?

Hubble kannte das Phänomen von Schallwellen. Wenn eine Polizeisirene auf einem Auto auf einen zukommt, dann wird der Ton höher. Bei der elektromagnetischen Strahlung des Lichts müsste sie also ins Blau verschoben werden. Wenn sich die Quelle weiter von einem wegbewegt, dann würde sie ins Rote verschoben werden, je weiter weg, desto röter. Ganz einfach. Hubble stellte darüber hinaus fest, Objekte, die am weitesten von uns entfernt sind, entfernen sich auch am schnellsten von uns.

Der amerikanische Astronom Edwin Powell Hubble (1889–1953) stellte als Erster einen direkten proportionalen Zusammenhang zwischen Rotverschiebung und Entfernung der Galaxien fest. Das bedeutete, dass sich Galaxien umso schneller von uns fortbewegen, je weiter sie entfernt sind. Die Größe, die diese Expansion beschreibt, ist die nach dem Astronomen benannte Hubble-Konstante H.

BILDNACHWEIS: Johan Hagemeyer, 1931, gemeinfrei

Aha! Das ist jetzt kritisch. Unser Gehirn ist Teil der Evolution. Das heißt, unser Erkenntnisapparat, der mit Hutgröße 59/60 oder so gemessen wird, ist ein Resultat dieser Welt, in der dieses Gehirn eben entstanden ist, offenbar als Evolutionsvorteil. Bei der Evolution gilt: Erfolg heiligt die Mittel! Evolution ist also immer eine Erfolgsgeschichte. Schauen Sie sich selbst an: Das ist alles nur Erfolg, Erfolg, Erfolg. Ansonsten wären wir alle gar nicht hier.

Sie kennen gewiss die Geschichte von den fliegenden Elefanten. Die gab es in grauer Vorzeit. Die waren aber zu schwer für die Jumbo-Luftfahrt und sind dauernd abgestürzt. So konnten sie sich nicht weiter vermehren. Deswegen sind die heute nicht mehr da. So würde man evolutionär argumentieren.

Unser Gehirn ist noch da und muss deshalb wohl ein Evolutionsvorteil gewesen sein.

An der Stelle fällt mir übrigens ein, denken Sie daran, die Expansion des Universums hat mit Expansionen, die man selbst so im Laufe seines Lebens erfährt, nichts zu tun. Da geht es nicht um Kosmologie, sondern es gilt der Volksmund, jedes Pfund muss durch den Mund. Und zwar ganz unabhängig davon, wie und wohin das Universum expandiert.

Unser Erkenntnisvermögen ist natürlich auch evolutionär angelegt. Wir kommen gar nicht umhin über gewisse Anschauungsräume nachzudenken, wir kommen über gewisse Bilder nicht hinaus. Kein Wunder also, dass wir immer versuchen, uns ein Bild zu machen, selbst wenn es noch so abstrakt wird. Die Naturgesetze sind mit der Mathematik formuliert. Das ist die Sprache, die es uns ermöglicht, in fremde Erfahrungsbereiche einzusteigen. Die Mathematik ist eine Strukturwissenschaft, die sich nicht notwendigerweise mit Strukturen beschäftigen muss, die auch existieren. Wir Physiker schon. Wir wollen über wirkliche Strukturen reden. In der Mathematik kann man sich über Strukturen Gedanken machen, die überhaupt nichts mit unserer Welt zu tun haben.

Obwohl wir Menschen evolutionär begründet sind, können wir uns kulturell weit über unseren Anschauungs- und Anpassungsraum hinaus in die Welt ausbreiten. Das ist eine großartige Sache. Kein anderes Lebewesen auf diesem Planeten kann das. Wir verfügen über Fähigkeiten, die weit darüber hinausgehen, um einfach nur zu überleben. Das führt allerdings auch dazu, dass wir Verantwortung für das haben, was wir tun. Wir können nicht sagen, wir sind nur Teil der Natur. Wir sind mehr. Die Evolution – vielleicht hat sie das gar nicht gewollt – hat eine Lebensform hervorgebracht, die über Fähigkeiten verfügt, bessere Dinge zu vollbringen, als die, die wir bis jetzt so zustande gebracht haben.

Kommen wir zurück zur Kosmologie und zu diesem Homo sapiens, der sich Folgendes vorstellt: Wenn das Universum offenbar eine gewisse Dynamik zeigt, dass Dinge sich umso schneller von uns weg bewegen, je weiter sie von uns entfernt sind, dann kann ich mir ein einfaches Modell machen: Ich nehme einen leeren Luftballon und verteile auf seiner Oberfläche gleichmäßig weiße Punkte. Dann blase ich den Ballon auf und sehe, dass sich die einzelnen Punkte voneinander fortbewegen. Es zeigt sich, dass diejenigen Punkte sich am schnellsten voneinander entfernen, die bereits am Anfang am weitesten voneinander entfernt waren.

Hubble sagte, dass seine Daten mit der Hypothese einer Expansion des Universums vereinbar wären. Eine wunderschöne Formulierung, die auch Thomas Mann nicht besser hinbekommen hätte. Der Konjunktiv wird ja auch sehr selten verwendet. Hubble sagte nicht, das Universum expandiert. Nein, er sprach von der Hypothese, dass das Universum expandiere.

Was kommt dabei heraus? Tja, die gesamte Kosmologie ist nichts anderes als eine Überprüfung dieser Hypothese. Das gilt auch für die Urknallhypothese. Also einen Knall, der keiner gewesen ist. Erstens war keiner da, der etwas hätte hören können, zweitens gab es kein Medium, das irgendeinen Schall hätte übertragen können.

Übrigens: Auch alle Bilder, die Sie jemals vom Urknall gesehen haben sind falsch. Der Urknall war dunkel und zappenduster. Es kann überhaupt nicht hell gewesen sein, nie im Leben. Zu der Zeit gab es überhaupt kein einziges sichtbares Photon. Nix, gar nix.

Wenn wir uns also überlegen, das Universum hätte tatsächlich eine Dynamik, bei der sich am Anfang die am weitesten voneinander gelegenen Punkte am schnellsten voneinander wegbewegen, dann heißt das, das Universum expandiert. Das ist der Kern des Urknallmodells. Wir haben eine Hypothese. Das ist der eine Mitspieler in dem Drama, der andere ist das experimentum crucis, das Experiment, das durch Beobachtung entscheiden soll: Universum, wie hältst du es mit der Expansion?

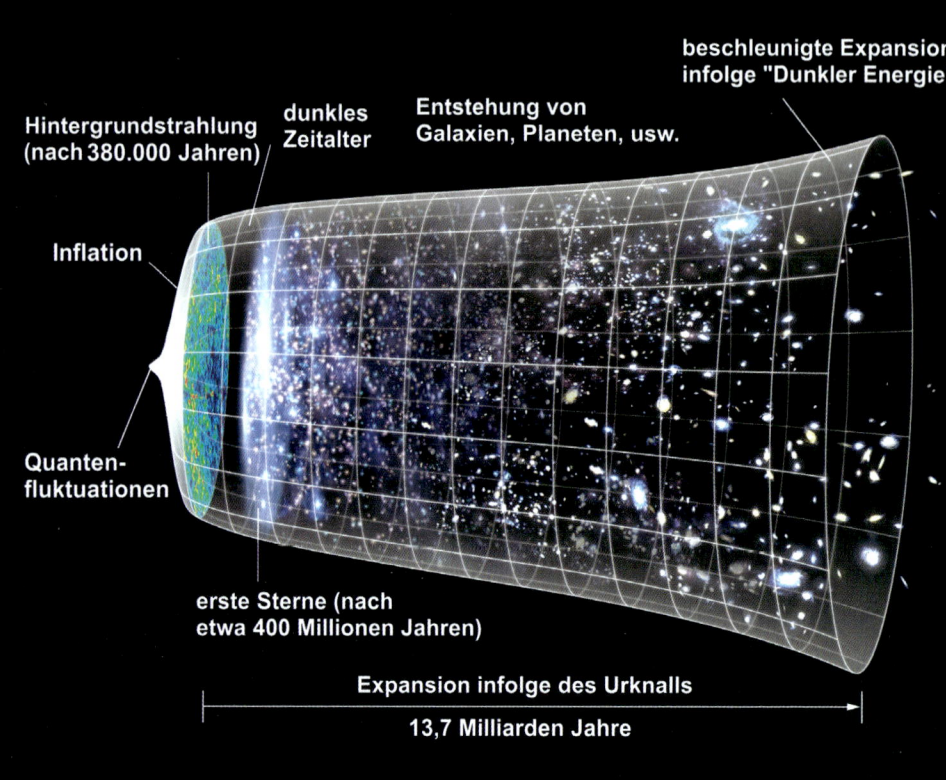

Expansion des Universums infolge des Urknalls.   BILDNACHWEIS: NASA / WMAP Science Team, gemeinfrei

Können Sie sich vorstellen, was es für die Leute bedeuten muss, die an solchen Theorien arbeiten, wenn im Experiment nicht das Erwartete rauskommt? Nie werden Sie am Large Hadron Collider am CERN hören: Ja, also, wir freuen uns, wenn wir das Higgs-Teilchen finden, aber es ist auch kein Drama, wenn es nicht auftaucht. Ich kann Ihnen versichern, wer 30 Jahre an einer Theorie arbeitet, der will dringend, dass der Beweis im Experiment erbracht wird – was dann auch geschah. Besser Higgs als nix.

DAS HIGGS-BOSON

Eine der großen Forschungsaufgaben am LHC im CERN bei Genf war die Suche nach dem Higgs-Boson, dem letzten noch nicht endgültig nachgewiesenen Teilchen des Standardmodells der Teilchenphysik. Am 4. Juli 2012 berichteten die Forschergruppen an den Detektoren ATLAS und CMS, dass sie ein neues Boson gefunden hätten. Weitere Messungen bestätigten, dass sich das Teilchen wie vom Higgs-Boson erwartet verhält.

Der Nachweis der Existenz des Higgs-Boson bestätigt, einfach gesagt, die Existenz des sogenannten Higgs-Feldes. Dieses Feld ist im Universum allgegenwärtig und führt durch Wechselwirkung mit den Elementarteilchen zu deren Masse.

Für die schon 1964 veröffentlichte Theorie wurden François Englert und Peter Higgs 2013 mit dem Nobelpreis für Physik ausgezeichnet.

Weil es eine gesetzliche Ordnung gibt, können wir etwas erkennen. Die Urknallhypothese hat zum Beispiel mehrere dieser Experimente vorgeschlagen, und sie haben funktioniert. 1929 hat Hubble diesen Satz gesagt. Ein paar Jahre vorher gab es übrigens auch schon ein paar Theorien dazu, darunter die allgemeine Relativitätstheorie. Einstein, Sie wissen schon.

Hubble hat die Hypothese aufgestellt, dass das Universum heute expandiere. Dann war es zwingend gestern kleiner. Vorgestern war es noch kleiner. Wir lassen das Universum langsam aber sicher schrumpfen. Wenn es kleiner wird, wenn sich die Dinge immer näher kommen, mehr von sich spüren, dann wird es wahrscheinlich auch heißer, über die Maßen heiß und dicht.

ALBERT EINSTEIN UND DIE RELATIVITÄTSTHEORIE

Albert Einstein (1879–1955), theoretischer Physiker und Genie, schuf mit der speziellen Relativitätstheorie im Jahr 1905 und der allgemeinen Relativitätstheorie im Jahr 1915 ein neues physikalisches Verständnis der Welt. Auf geniale Weise beschrieb er in seinen Theorien, wie Materie und Energie, Raum und Zeit sowie Gravitation miteinander in Beziehung stehen.

BILDNACHWEIS: Ferdinand Schmutzer, wikimedia, gemeinfrei

Die spezielle Relativitätstheorie beschreibt das Verhalten von Raum und Zeit aus der Sicht von Beobachtern, die sich relativ zueinander bewegen. Länge und Zeit hängen vom Bewegungszustand des Betrachters ab. Eine weitere bedeutende Konsequenz der speziellen Relativitätstheorie ist die Äquivalenz von Masse und Energie: $E=mc^2$. Auf die spezielle Relativitätstheorie baut die allgemeine Relativitätstheorie auf, die die Gravitation auf eine Krümmung von Raum und Zeit zurückführt, die durch die Massen verursacht wird.

Der in der Physik verwendete Ausdruck relativistisch bedeutet, dass eine Geschwindigkeit nicht vernachlässigbar klein gegenüber der Lichtgeschwindigkeit ist; die Grenze wird oft bei 10 Prozent gezogen. Bei relativistischen Geschwindigkeiten gewinnen die Effekte der speziellen Relativitätstheorie eine zunehmende Bedeutung, die Abweichungen von der klassischen Mechanik können dann nicht mehr vernachlässigt werden.

Und eben sehr, sehr klein. Wie ein Wassermolekül, wie ein Sauerstoffatom, wie ein Proton, das im Kern des Sauerstoffs steckt, wie ein Up- und Down-Quark. Ja, wie klein kann es denn sein?

Diese Frage ist übrigens schon von einem Griechen gestellt worden. Der große Aristoteles beschäftigte sich mit dem natürlichen Zustand der Materie, den hielt er für den der Ruhe. Die Dinge sollten sich nicht mehr weiter bewegen, wenn sie nicht bewegt werden. Aristoteles war offensichtlich ein anschaulicher Typ. Er ließ eine Kugel eine schiefe Ebene runterrollen. Die rollte erst und kam dann zum Stillstand. Wenn sie wieder bewegt werden soll, braucht es einen, der bewegt. Schön.

Aristoteles (384 v. Chr. – 322 v. Chr.) gilt als einer der großen Philosophen der griechischen Antike.

Und was ist mit den leuchtenden Dingern am Himmel? Wer bewegt die?

Aristoteles führte Beweger ein, heißt, die Dinger am Firmament werden aktiv angestoßen. Als Erfinder der Logik stellte das Aristoteles natürlich sofort vor ein riesiges logisches Problem, den »infiniten Regress«. Wenn es einen Beweger gibt, der die Planeten oder Sterne bewegt, wer bewegt denn dann den Beweger? Dann gibt es ja vielleicht einen Beweger, der den Beweger bewegt. Vielleicht gibt es sogar einen Beweger des Bewegers des Bewegers des Bewegers. Dann gibt es ja nur noch Beweger! Also NEIN! Ich weiß nicht genau, was er damals ausgerufen hat. Wahrscheinlich nicht wie Archimedes, »Heureka«, sondern er stellte ganz schlicht fest, um hier Ruhe reinzubringen, postuliere ich einen unbewegten Erstbeweger. Das ist doch eine Lösung! Man schafft ein Problem und löst es dadurch, dass man es verneint. Das ist doch perfekt.

Ein unbewegter Erstbeweger ist natürlich keine wirklich gute Lösung. Wie gehen wir heute damit um?

Wir haben einige Theorien über die Welt, aus der Sie und ich bestehen. Eine der größten Ideen, die es seit dem 20. Jahrhundert gibt, wahrscheinlich die allergrößte, ist die vom Atom, griechisch atomos, unteilbar. Die Welt besteht also aus Teilchen. Die Hypothese, dass Atome existieren, hat sich sehr bewährt. Dann hat sich auch gezeigt, dass Atome aus Atomkernen bestehen. Inzwischen haben wir diese gespalten, in Bomben wie auch in Atomkraftwerken.

Auch die Hypothese, dass es Elektronen gibt, hat sich bewährt. Das heißt, wir schaffen es heute gedanklich sowie technisch, das könnte übrigens der beste Hinweis darauf sein, dass eine physikalische Theorie nicht völlig blödsinnig ist.

Eine Digitalkamera ist in Technik gegossene Quantenmechanik. Alle diese technischen Geräte, alle digitale Elektronik, jede

Die Menschheit hat gelernt, Atomkerne zu spalten. Das Foto zeigt die Explosion von »Fat Man« am 9. August 1945 über Nagasaki. Fat Man war eine Plutonium-Bombe und doppelt so stark wie »Little Boy«, die Uran-Bombe von Hiroshima.

Einen Tag nach dem Abwurf der Bombe über Nagasaki bot Japan die bedingungslose Kapitulation an. Sie trat am 14. August 1945 in Kraft. Der Zweite Weltkrieg war zu Ende, aber die Menschheit lebte von nun an im Schrecken vor der Bombe.

Robert Oppenheimer, wissenschaftlicher Leiter des Manhattan-Projekts, verlässt im November 1945 Los Alamos, den Ort, wo die ersten Atombomben entwickelt und gebaut worden waren: »Wenn die Atombomben den Arsenalen einer kriegerischen Welt hinzugefügt werden, dann wird die Zeit kommen, in der die Menschheit die Namen von Los Alamos und Hiroshima verfluchen wird. Die Völker dieser Welt müssen sich vereinigen oder sie werden untergehen.«

laser-lichtverstärkende, stimulierte Emission, das ist alles Quantenmechanik. Patienten werden in den Computertomographen, in sogenannte CT-Scanner, geschoben: Quantenmechanik. Kernspintomographen: Quantenmechanik. Eigentlich bestehen wir, die Menschen, auch nur aus Atomen, also wieder Quantenmechanik. Das heißt, mit der Vorstellung, dass die Materie aus Atomen besteht, sind wir gut dabei. Wunderbar.

Niemand bestreitet, dass wir aus Atomen bestehen, oder?

Wir haben eine Technologie, die Kernspaltung, entwickelt. Und wir können ein Universum kreieren, das so klein ist wie ein Atomkern. Dafür haben wir eine gute Physik. Wir können das Universum beschreiben, wenn es so klein ist, wie ein Atomkern. Das ist beste Kernphysik. Das können wir. 1948 war genau das der Anlass für drei Amerikaner, eine Arbeit zu schreiben.

Sie sagten, wenn wir diese Physik verstehen, wenn der Hubble recht hat und wir schrumpfen das Universum auf einen Atomkern, dann können wir auch Physik für dieses Universum in ganz frühen Zeiten machen. Grandios. Ein unglaublich abstrakter Sprung, zu behaupten, dass das, was wir hier auf der Erde kennen, nicht nur im Universum, sondern auch für das Universum gilt. Wow! Damit wurde Kosmologie erst richtig geboren. Jetzt hatte man die Verbindung zwischen der Physik im Labor und der Physik im ganzen Universum.

Machen Sie sich das für einen kurzen Moment klar, wovon wir hier reden. Da gibt es eine kleine Spezies, die letztlich Trockennasenaffen sind, also uns Primaten. Die machen nach 400 Jahren Wissenschaft eine Entdeckung über das gesamte Universum. Die sind so überheblich, zu sagen, wir können eine Aussage über alles machen, was es gibt. Über alles! Weil wir angefangen haben, Atomkerne zu spalten. Wir haben eine Verbindung vom ganz ganz Kleinen zum ganz ganz Großen.

Das heißt: Voraussetzung für alles, was wir in den Naturwissenschaften tun, ist die Vorstellung, dass es eine Natur gibt. Die ist ungebrochen. Auch die Frage nach unserem Bewusstsein muss in einer solchen Naturvorstellung irgendwo unterzubringen sein. Wir sind ein Teil dieser Entwicklung des Universums. Am Ende eben dann doch eine biologische Revolution.

Kommen wir zurück zur Ausgangsfrage: Wie klein kann das Universum sein? Ephraim Kishon, erinnern Sie sich noch? Ein ganz großartiger Satiriker, der viele wunderbare, kleine, große Geschichten geschrieben hat, unter anderem die Geschichte vom jüdischen Poker. Jüdisches Pokern geht so: Sie denken sich eine Zahl, ich denke mir eine Zahl. Dann sagen Sie Ihre Zahl. Wenn meine höher ist, habe ich gewonnen. Aber jetzt machen Sie das mal umgekehrt: Ja, wie klein kann denn klein sein? Gibt es ein Klein, über das hinaus nichts mehr gedacht werden kann?

Anselm von Canterbury (1033–1109), Theologe und Philosoph im Mittelalter, auch als »Vater der Scholastik« bezeichnet, hat einmal einen Gottesbeweis zu formulieren versucht: Gott sei das Größte, über das hinaus nichts mehr gedacht werden kann. Wir machen jetzt die ganz kleine Variante: Was ist das Kleinste, über das hinaus nichts mehr gedacht werden kann? Dabei komme ich wieder auf diese Digitalelektronik und auf eine der am besten bestätigen Theorien der Physik, die Quantenmechanik.

Die sagt uns, wie genau man auch immer etwas messen will, irgendwie schwankt es. So genau, wie man es gern hätte, gibt es das nicht. Die Welt ist nicht genau.

Da unten, in der Welt des Allerallerkleinsten verliert man irgendwann total den Überblick. Wenn Du genau weißt, wo Du bist, dann weißt Du nicht, wie schnell Du unterwegs bist und wenn Du weißt, wie schnell Du bist, dann weißt Du nicht, wo Du bist. Das nennt man die Heisenbergsche Unbestimmtheitsrelation.

QUANTENMECHANIK

Als Wissenschaftler vor rund 100 Jahren begannen, in die kleinsten Teilchen der Materie vorzudringen, entdeckten sie die merkwürdige Welt der Quantenmechanik.

Tief im Inneren von allem stießen sie auf ein Universum, das völlig anders ist, als das unseren Sinne vertraute. Besteht unsere Realität aus Dingen, die nicht als real angesehen werden können?

Wissenschaftler wie Planck, Heisenberg, Schrödinger und Bohr hatten entdeckt, dass in der merkwürdigen, bizarren Welt der Quanten Dinge erst real werden, wenn wir hinsehen, und dass verschränkte Quanten über Zeit und Raum hinweg instantan, schneller als Licht, kommunizieren.

Die Quantenmechanik war für Albert Einstein ein Albtraum, zynisch stellte er die Frage, »hört der Mond auf zu existieren, wenn keiner hinsieht?«

Werner Heisenberg, (1901–1976)

Werner Heisenberg stellte 1925 die erste mathematische Formulierung der Quantenmechanik und 1927 die nach ihm benannte Heisenbergsche Unbestimmtheitsrelation auf. Die besagt, dass bestimmte Messgrößen eines Teilchens, etwa Ort und Geschwindigkeit, nicht gleichzeitig beliebig genau bestimmt sind. Für die Begründung der Quantenmechanik wurde er 1932 mit dem Nobelpreis für Physik ausgezeichnet.

BILDNACHWEIS: Bundesarchiv, wikimedia, gemeinfrei

Das hat nichts damit zu tun, dass wir nicht in der Lage wären, genau zu messen. Das können wir sehr gut. In München gibt es einen Nobelpreisträger, Theodor Hänsch, der hat genau dafür zusammen mit zwei Amerikanern den Nobelpreis bekommen, weil die so genau gemessen haben, 24, 25, 26 Stellen hinter dem Komma. Wir können die Quantenmechanik heute extrem präzise messen und feststellen, egal, was wir da unten machen, diese Heisenbergsche Unbestimmtheitsrelation nagelt uns jede physikalische Größe fest bis auf ..., genau, ein bisschen Schwankung. Die Welt braucht sogar diese Ungenauigkeit, sonst würde nichts funktionieren. Wir stoßen also an eine Informationsgrenze. Die kann nicht unterschritten werden.

Es gibt eine andere wunderbare Theorie, 1915 von Albert Einstein entwickelt, die allgemeine Relativitätstheorie.

Ich komme ganz kurz auf das Drama zurück. 1915 stellt dieser Einstein eine Theorie auf, die besagt, wenn Licht an einem schweren Körper vorbeikommt, dann werden sich die Positionen der Außenstehenden für den Beobachter verändern, weil die Wege des Lichts durch die Massen gekrümmt werden. Das war die Vorhersage. Eine klipp und klare Vorhersage. Und dann, masel tov: Sonnenfinsternis auf dem afrikanischen Kontinent. Super! Das heißt, einige Leute sind nach Afrika losgezogen und haben dort eine Sonnenfinsternis gemessen. Dann verglichen sie die Sternpositionen vor, während und nach der Sonnenfinsternis. Dann sind sie nach Großbritannien, genauer nach London, zurückgereist. »The Royal Society« tagte. Isaac Newton schaute streng auf das Auditorium, während vorn Arthur Eddington die Ergebnisse des experimentum crucis verkündete. – Man muss sich das wie in einem griechischen Drama vorstellen. – Und er sagte: Ja, Einstein hat recht. Seitdem ist Einstein ein großer Popstar.

Die allgemeine Relativitätstheorie (siehe Seite 30) wurde vier Jahre, nachdem sie geboren ward, sofort überprüft und hat sich als nicht falsch bestätigt. Seitdem hat sie unglaublich viele Tests bestanden, vor allen Dingen hat sie Objekte vorhergesagt, die keine Information mehr rauslassen. Die Schwarzen Löcher. Wenn ein Körper mit einer Masse m in einem bestimmten Volumen seine gesamte Masse zusammengequetscht hat, dann kann von diesem Körper nichts mehr entweichen, nicht einmal mehr Licht. Wenn unsere Sonne mit ihren 330.000 Erdmassen auf drei Kilometer zusammenschrumpfen würde, dann hätten wir ein Schwarzes Loch. Also für eine Sonnenmasse drei Kilometer. Wenn die Erde auf ein Schwarzes Loch zusammenschrumpfen sollte, dann wären das schlappe neun Millimeter.

Als Schwarzes Loch bezeichnet man ein kosmisches Objekt, das eine so starke Gravitation erzeugt, dass weder Materie noch Licht oder Radiosignale diesem entkommen. Nach der allgemeinen Relativitätstheorie verformt eine ausreichend kompakte Masse m die Raumzeit so stark, dass sich ein Schwarzes Loch bildet.

Ach, Sie wissen gar nicht, wie groß die Sonne ist? 700.000 Kilometer Radius. Also wenn die Sonne von 700.000 Kilometern auf drei Kilometer zusammenschrumpft, dann wird sie zum Schwarzen Loch. Das heißt, wir haben wieder eine Informationsschranke, die wir nicht unterschreiten können.

Jetzt machen wir uns mit der Quantenmechanik und der Relativitätstheorie bewaffnet an die Frage: Was ist die kleinste, kausal sinnvolle Längen- und Zeiteinheit im gesamten Universum? Kausalität, danach sind wir in den Naturwissenschaften süchtig. Wir marschieren also mit diesen beiden hammerfesten Theorien los. Anders gesagt: Wenn die beiden Theorien falsch sind, dann sind sie aber verdammt gut falsch.

Jetzt gehen wir ran an das Universum. Wir wissen, der Atomkern ist bekannterweise nicht sehr groß. Nur dass Sie eine Ahnung davon bekommen: Ein Gramm von Ihrem linken Zeigefinger enthält 10^{24} Teilchen. Das sind eine Million Trillionen Teilchen. Das heißt, die Atomwinzlinge müssen wahnsinnig klein sein. Es ist überhaupt ein Wunder, dass man die in einem Atomkraftwerk spalten kann. Wie groß sind diese Teilchen?

Wenn ein Atom so groß wäre wie eine Fußballarena, dann wäre sein Kern so groß wie ein Reiskorn im Mittelpunkt des Anstoßkreises. Und dazwischen? Ja, was ist dazwischen? Luft oder was? Nein, da ist nichts, gar nichts.

Ich mache an dieser Stelle immer gern den Witz, wenn Atome aus nichts bestehen, warum macht dann eine Flasche Cognac so besoffen? Man hat ja quasi nichts zu sich genommen? Da stimmt doch was nicht. In der Tat, es kommt auf die Verbindungen der Atome an.

Zurück zum Atom und zum Atomkern. Ein Atomkern ist schon sehr klein. Um präzise zu sein, 10^{-15} Meter, das ist ein billiardstel Meter. Und jetzt, Herrschaften, jetzt wird es noch deutlich kleiner.

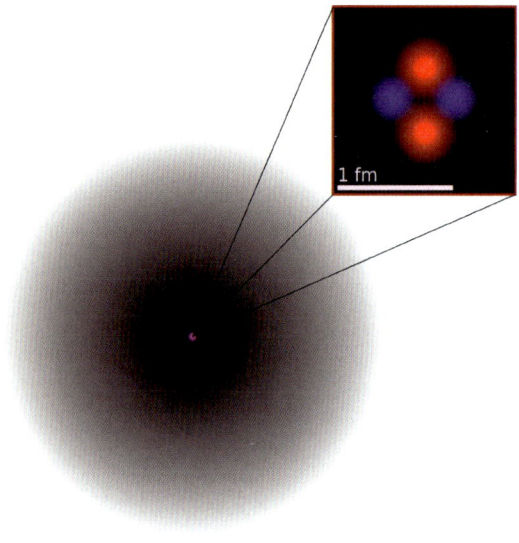

1 Å = 100,000 fm

Der Atomkern eines Heliumatoms mit zwei Protonen und zwei Neutronen hat einen Durchmesser von etwa 1 fm. Der farbig dargestellte Kern, rechts oben noch einmal vergrößert dargestellt, ist in die wesentlich größere Wolke der Elektronen eingebettet. In einer Maßstab getreuen Darstellung hätte die graue Wolke einen Durchmesser von etwa 50 Meter, der schwarze Balken wäre etwa 75 Meter lang.

1 fm $(1 \times 10^{-15}$ m$)$ = 0,000001 nm

1 fm steht für 1 Femtometer, ein billiardstel Meter.

Übrigens – kleine historische Randbemerkung: Im November 1899 hatte Max Planck in einer seiner Arbeiten über die Wärmestrahlung bereits darauf hingewiesen, dass man aus den Naturkonstanten, eine davon wurde später »plancksches Wirkungsquantum« genannt, ein universell gültiges Alphabet machen könne, das auch für außerirdische Zivilisationen von Interesse sein könnte. Großartig, und das 1899.

Max Karl Ernst Ludwig Planck (1858–1947) gilt als einer der bedeutenden deutschen Physiker und als Begründer der Quantenmechanik. Für die Entdeckung des planckschen Wirkungsquantums wurde er 1919 mit dem Nobelpreis für Physik ausgezeichnet.

BILDNACHWEIS: wikimedia, gemeinfrei

Diese Kombination von Planck kann man physikalisch begründen, indem man die allgemeine Relativitätstheorie und die relativistische Quantenmechanik nimmt und fragt: Was ist denn nun die kleinste Informationslänge, die ich im Universum überhaupt haben kann? Die Antwort ist die Planck-Länge, $1,616 \times 10^{-35}$ Meter. Das sind 20 Größenordnungen kleiner als ein Proton.

Die Planck-Zeit ist diese Länge dividiert durch die Lichtgeschwindigkeit: $5,39 \times 10^{-44}$ Sekunden. Und die Planck-Masse, die dazu gehört beträgt $2,176 \times 10^{-8}$ Kilogramm. Das Allertollste ist, dass diese Planck-Masse, diese Planck-Länge, die Planck-Zeit, diese Planck-Dichte in eine Temperatur verwandelt werden kann, nämlich in die Ausgangstemperatur des Universums: $1,41 \times 10^{32}$ Grad. Höllenheiß!

Aus der Hypothesenüberprüfung, die wir bis heute gemacht haben, können wir im Prinzip sagen, damals, am Anfang von allem, muss etwas gewesen sein. Was genau, das werden wir noch sehen. Vielleicht kann man aber auch überhaupt nichts dazu sagen. Es muss das Kleinste gewesen sein, über das hinaus nichts mehr gesagt werden kann, weil keine Experimente mehr möglich sind.

Wenn Ihnen irgendjemand etwas darüber erzählt, was vor dem Urknall gewesen ist, dann hat das nur etwas mit Mathematik zu tun, aber nicht mehr mit Physik. Wo hinein sich das Universum entwickelt, das kann Ihnen auch keiner sagen, denn was da draußen ist, wissen wir nicht. Wir können das denken, aber leider keine Experimente mehr machen.

Alle diese wunderbaren Bücher, über die Umstände vor dem Urknall, Paralleluniversen und so ein Kram, hat mit Physik nichts zu tun. Eine empirische Wissenschaft wie die meine, muss mit Hypothesen arbeiten, die an der Erfahrung scheitern können. Über Paralleluniversen brauchen wir also nicht zu sprechen, das macht keinen Sinn. Wir können keine Experimente damit machen und somit gehört es nicht in die Abteilung Empirie. Genau diese empirische Methode ist es aber, die die Physik so erfolgreich macht. Hypothesenüberprüfung anhand von Experimenten.

In der Kosmologie arbeiten wir mit außerordentlich scharfen Schwertern. Das Experiment ist die schärfste Klinge der Kritik, die es überhaupt gibt. Andere Wissenschaften neigen zu historischen oder persönlichen Interpretationen, zu Ideologien, zu Hoffnungen, Träumen oder Visionen. Das haben wir in der Physik alles nicht. Das können wir uns nicht leisten. Zumindest nicht, wenn ein Experiment gemacht wird. Meist gibt es viele Spekulationen, bevor ein Experiment gemacht wird. Aber wenn es dann durch ist, ist auch das Thema durch.

Hier haben wir so ein Thema. Wir hatten ein unglaublich kleines Universum, das sehr heiß und sehr dicht war. Heute zeigt sich ein unglaublich kaltes Universum, das sehr groß und sehr leer ist. Wie kommt so etwas zustande?

Irgendwann hat es sich entschieden, in welchem Universum wir leben. Leben wir in einem Universum, das wahnsinnig schnell expandiert, sodass die Materie sich nie und unter keinen Umständen zu Sternen, Galaxien und Planeten hätte versammeln können? Leben wir in einem Universum, in dem die Materie sich derartig schnell zusammengeballt hat, dass es nur Objekte gibt? Oder leben wir etwa in einem Universum, in dem es eine unglaublich fein abgestimmte Balance gibt zwischen der Kraft, die die Expansion des Universums bewerkstelligt und gleichzeitig der Kraft, die die Verdichtung der Materie bewerkstelligt?

Stephen Hawking hat in den frühen 1970er-Jahren eine Arbeit geschrieben, in der er sich genau mit dieser Frage beschäftigt. Er fand heraus, dass offenbar die Anfangsbedingungen für dieses Universum sehr fein aufeinander abgestimmt waren. Nämlich $1:10^{59}$.

Holy moly ..., auf gut Deutsch heiliger Strohsack, solche Feinabstimmungen lieben wir gar nicht in den Naturwissenschaften. Das hat immer so etwas ... Gewolltes. Vielleicht ist das gar nicht zufällig gewesen? Wir arbeiten doch sonst so gern mit dem Zufall und der Annahme, dass Dinge einfach passieren, weil sie passieren müssen. Nur beim Universum muss es irgendeinen Grund gegeben haben, warum sich das so und nicht anders in sein Sein geworfen hat.

Sie erinnern sich? Was ist auf dem Weg vom Nichts vor 13,7 Milliarden Jahren bis heute alles passiert? Wie kann das sein, dass es Materieeinheiten gibt, die auch noch darüber nachsinnen, reden und schreiben können? Dass das Universum über sich selbst nachdenken und sogar lachen kann? Unglaublich! Wenn man ernst nimmt, was wir von der Physik unseres Planeten kennen, dann ist eine Explosion immer mit einer Gleichverteilung von Materie verbunden. Aber hier ist es offensichtlich ganz anders gelaufen.

Schauen wir uns das aus der Sicht der heutigen Physik an. Wir kennen die vier Grundkräfte der Physik. Einmal die Kraft, die uns auf dem Boden hält, die Gravitation, weiter die elektromagnetische Kraft. Das ist diejenige, die Sie spüren, wenn Sie einen Schraubenzieher in die Steckdose stecken. Dann gibt es noch die beiden Kernkräfte. Wir haben zwei hypothetisch positive Ladungen. Und was machen diese beiden hypothetischen Ladungen? Die stoßen sich ab. Ganz sicher! Merke: Gleichnamige Ladungen stoßen sich ab. Immer! Denken Sie an das Periodensystem der Elemente. Wasserstoff und Helium. Ganz oben findet sich der Wasserstoff. Bei ihm ist alles gut, weil nur ein Proton drin ist. Beim Helium sind es schon zwei Protonen. Wie kommen diese zwei Protonen in so ein kleines Ding rein? Sie erinnern sich, wie klein der Atomkern war? Ein Reiskorn in der Mitte eines Fußballstadions. Wie kommen jetzt diese zwei Teilchen in so einen engen Atomkern? Die müssten sich doch wie verrückt abstoßen.

Da kommt die starke Kernkraft ins Spiel. Die hält diese beiden Atomkernteilchen, die Protonen, zusammen. In dem Zusammenhang gibt es noch zwei Neutronen, die aber nicht so wichtig sind. Dann gibt es noch eine Kraft, die schwache Kernkraft, die dazu führt, dass sich ein Proton mal in ein Neutron und ein Neutron in ein Proton verwandelt. Das hat etwas mit dem radioaktiven Zerfall zu tun. Wir haben also vier Kräfte, die seit Milliarden von Jahren bis heute am Werke sind.

Die gesamte Geschichte des Universums lässt sich ganz kurz und knackig erzählen, wenn man sich mit der Königin der Kräfte beschäftigt. Sie ist gleichzeitig die Schwächste: Die Gravitation. Sie ist die unter den Vieren, die immer gewinnt. Mit der Gravitation könnte ich Ihnen auch erklären, warum unsere Geldbeutel immer leerer und die Kassen einiger anderer immer voller werden. Die Gravitation ist immer anziehend. Immer. Bei der elektromagnetischen Kraft gibt es zwei Ladungen, die positive und die negative. Beide ergeben zusammen die Ladung Null.

Das gibt es bei der Gravitation nicht. Massen sind immer anziehend, immer. Schwarze Löcher können also keine Diät machen. Was da einmal drin ist, bleibt drin. Sie werden immer schwerer und halten absolut dicht. Die Gravitation ist die Kraft, die sagt: Nur Massen bewegen Massen.

Jetzt machen wir Quantengravitation für Fußgänger, allerdings auf höchstem Bildungsniveau. Es ist die absurdeste Theorie, um den Anfang und die weitere Entwicklung des Universums zu verstehen. Diese ganz kurze Geschichte der Zeit. Wenn die Quantenmechanik tatsächlich die Mutter aller Theorien ist, dann muss es auch eine Theorie für die Gravitation geben, die quantisiert, also in Paketform, ist.

Jetzt wissen wir aber, dass in der Quantenmechanik alles – in Worten: ALLES – ohne Ausnahme, quantisiert ist, also schwankt. Dabei könnte man sich überlegen, dass am Anfang auch alles geschwankt hat. Dass also der Beginn des Universums möglicherweise der blanke Zufall war. Bis dahin hatten sich alle quantenmechanischen Schwankungen darauf geeinigt: Wir machen kein Universum. Wir halten den Ball flach. Stabile Seitenlage, Puls 60, kein Blutverlust. Wir machen nichts, gar nichts.

Irgendeiner dieser Quantenfluktuationstypen hat dann aber gesagt: Wisst Ihr was? Das langweilt. Ich will mal schauen, was sonst noch so geht, wie weit ich es treiben kann. Er hatte dann allerdings Pech. Er kam nicht wieder zurück. Es gibt tatsächlich die Vorstellung, dass eine dieser quantenmechanischen Fluktuationen in einem Energiebrei über das Ziel hinausgeschossen ist und sich daraus das Universum gebildet hat.

Jetzt kommt es aber noch besser. Jetzt arbeiten wir mit der einzigen Formel, die auch Stephen Hawking in seinen Büchern zulässt: $E = mc^2$.

BLICK IN DAS FRÜHE UNIVERSUM

Das Hubble Extreme Deep Field (XDF) ist ein Bild einer kleinen südlichen Himmelsregion. Der Himmelsausschnitt entspricht etwa der Größe eines Zehntel des Vollmonds. Das Bild entstand, indem Aufnahmen des Hubble-Weltraumteleskops aus dem Zentrum des Hubble Ultra Deep Field (HUDF) über einen Zeitraum von zehn Jahren zusammengefügt wurden. Es umfasst Aufnahmen von insgesamt 50 Tagen und einer Gesamtbelichtungszeit von zwei Millionen Sekunden (etwa 23 Tage).

Das Bild entstand aus 2000 Einzelbelichtungen, die von Hubbles »Advanced Camera for Surveys« (ACS) und der »Wide Field Camera 3« aufgenommen wurden.

Als das XDF am 25. September 2012 veröffentlicht wurde, löste es das HUDF als
bis dahin tiefstes Bild des Universums, das jemals im Bereich des sichtbaren Lichts
aufgenommen wurde, ab.

Das XDF zeigt rund 5500 Galaxien. Die Lichtlaufzeit von einigen auf dem Bild zu sehenden
Galaxien bis zur Erde beträgt 13,2 Milliarden Jahre. Die frühesten auf dem Bild gezeigten
Galaxien sind in einem Stadium lediglich 450 Millionen Jahre nach dem Urknall zu sehen.
Gemäß dem kosmologischen Standardmodell blickt man in die Frühzeit des Universums
450 Millionen Jahre nach dem Urknall zurück. Die Aufnahme zeigt demnach einige der
ersten Galaxien, die nach dem sogenannten »dunklen Zeitalter« entstanden sind.

BILDNACHWEIS: NASA, ESA, G. Illingworth, D. Magee, and P. Oesch (University of California, Santa Cruz), R. Bouwens (Leiden University), and the HUDF09 Team

Sie wissen ja, wie der Albert Einstein überhaupt darauf gekommen ist. Angefangen hat er mit $E=mc^2$. Dann $E=mb^2$. Bis er dann sagte, nee, es ist $E=mc^2$. Das ist die richtige Formel. Wenn das so sein sollte und alles fluktuiert, dann würde auch diese Dichte – Sie wissen es noch: $5{,}155 \times 10^{96}$ Kilogramm pro Kubikmeter, so ungefähr – schwanken. Dann gäbe es Gebiete, in denen es ein bisschen dichter wäre und logischerweise dann auch welche, in denen es ein bisschen weniger dicht zuging.

Jetzt ist die Gravitation nun einmal da stärker, wo es ein bisschen dichter ist, wo pro Volumen mehr Masse ist, sonst wäre es ja nicht dichter. Das führt dazu, dass weitere Materie in dieses dichtere Gebiet fließt. Die Masse wird mehr, die Gravitation stärker. Obwohl das Universum expandiert, wird sich die Materie ganz langsam immer mehr und mehr verdichten. Es werden sich also im Universum Punkte bilden, in denen es auch ein bisschen dichter ist. So ganz langsam wird eine anfangs gleichförmig verteilte Materie wie in einem Kanalsystem da hinfließen, wo die Gravitation stärker wirkt. Es reicht schon ein winziges Bisschen mehr. Sie merken natürlich, worauf es dabei ankommt.

Wenn das Universum bei diesem winzigen Bisschen einen Tick zu schnell expandiert wäre, dann wäre es schon wieder vorbei gewesen. Wenn es zu langsam expandiert wäre, dann hätte sich die Materie längst in einem einzigen Körper zusammengeballt. So ist es aber nicht. Die Expansion hat im richtigen Moment genau die richtige Geschwindigkeit gehabt, sodass der Materie noch genügend Zeit blieb, sich zu verdichten und immer neue Strukturen zu bilden.

So verstehen wir auch, warum das Universum heute so leer ist. Diese Verdichtungen haben sich natürlich nicht nur im ganz frühen Kosmos abgespielt, sondern in jeder Phase, bis heute. Nur sind es jetzt keine winzig kleinen Gebiete mehr, die sich irgendwie ein bisschen weiter verdichten. Heute rauschen ganze

Galaxienhaufen mit der Geschwindigkeit von einigen Tausend Kilometern pro Sekunde aufeinander zu. Ein riesengroßes kosmisches Netz hat sich aufgespannt.

75 Prozent des Universums sind total leer. Und – das Universum breitet sich weiter aus. An den Wänden dieses sich ausbreitenden Nichts verdichtet sich die Materie zu Galaxien, zu Galaxiengruppen, zu Galaxienhaufen, zu Galaxiensuperhaufen und zu noch größeren Gebilden. Da gibt es tolle Namen: »Der Große Attraktor«, »die Große Mauer«. Ganz dicke Dinger. Alles ist in Bewegung und niemand weiß genau, wo und wann das aufhört.

Was wir heute im Universum da draußen sehen, ist nichts anderes als die bisherige Folge daraus, dass die Materie bereits am Anfang quantenmechanische Eigenschaften gehabt hat. Das muss uns nicht wundern. Denn wir wissen, dass in der Welt des Allerkleinsten, wo es um Dinge geht, die so groß sind wie Atome, Atomkerne, Elektronen, Elementarteilchen, die Quantenmechanik am Werk ist. Wie soll es auch anders sein? Sonst würde Ihr Handy samt Flachbildschirm sofort seinen Geist aufgeben.

Wir wissen ja etwas über die Physik des Allerkleinsten. Und wenn wir diese Erkenntnisse auf den Anfang des Universums anwenden, dann schalten wir einen der ganz großen Leuchttürme an, mit dem Ihnen ein ordentliches Licht zur Orientierung aufgehen soll.

Wir machen eine Annahme mit den Naturgesetzen, nämlich »Anna 1«. Eine weitere Annahme nennen wir »Anna 2«. Sie liefert uns ein Resultat, das »Anna 1« bestätigt. Mit dieser Bestätigung können wir nun an eine »Anna 3« rangehen und stellen fest, dass »Anna 2« gar nicht so schlecht war. »Anna 3« kann vor allen Dingen auch »Anna 1« bestätigen. Mit einer der Annas können wir dann sogar schauen, ob wir mit einer völlig fremden Anna einen Widerspruch finden. Es gibt aber keinen. Wir stolpern einfach

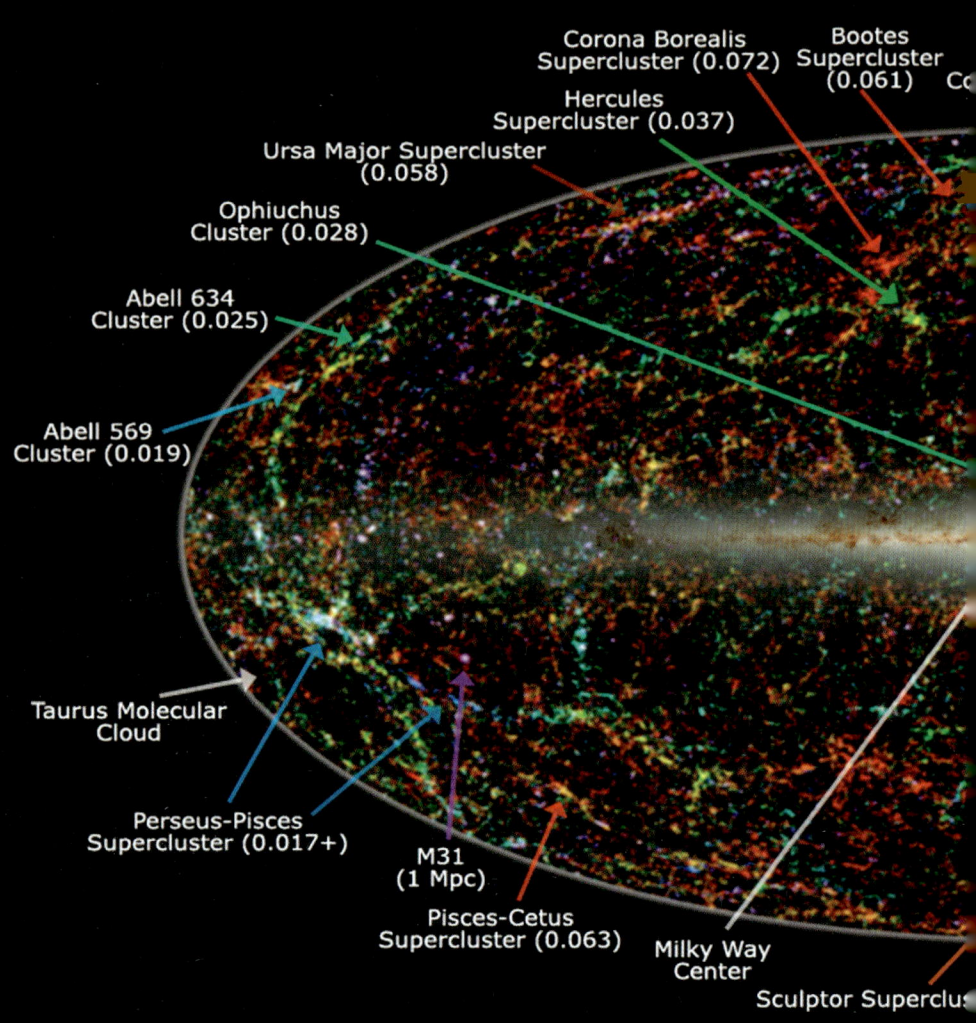

Corona Borealis
Supercluster (0.072)

Bootes
Supercluster
(0.061)   Co

Hercules
Supercluster (0.037)

Ursa Major Supercluster
(0.058)

Ophiuchus
Cluster (0.028)

Abell 634
Cluster (0.025)

Abell 569
Cluster (0.019)

Taurus Molecular
Cloud

Perseus-Pisces
Supercluster (0.017+)

M31
(1 Mpc)

Pisces-Cetus
Supercluster (0.063)

Milky Way
Center

Sculptor Superclu

Panoramablick auf den Himmel im nahen Infrarot – die Lage des Großen Attraktor wird durch den langen blauen Pfeil angezeigt, der am rechten unteren Bildrand beginnt.

Der Große Attraktor ist ein Galaxien-Superhaufen mit zigtausend Galaxien und ist neben dem Shapley-Superhaufen eine der massereichsten bekannten Strukturen im Universum. Er hat eine Masse in der Größenordnung von 10 Billiarden Sonnenmassen und ist etwa 150 bis 250 Millionen Lichtjahre von der Erde entfernt. Von der Erde aus gesehen liegt der Große-Attraktor-Haufen fast in der Ebene der Milchstraße verborgen.

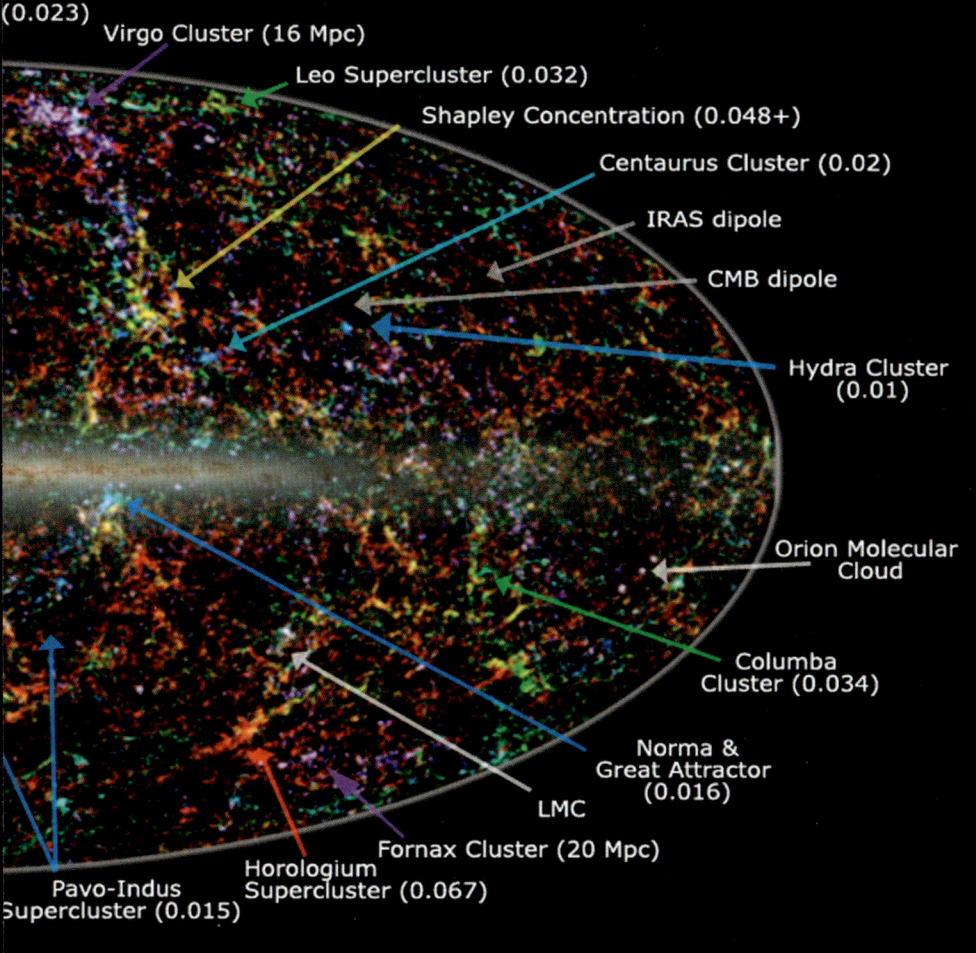

(0.023)

Virgo Cluster (16 Mpc)

Leo Supercluster (0.032)

Shapley Concentration (0.048+)

Centaurus Cluster (0.02)

IRAS dipole

CMB dipole

Hydra Cluster (0.01)

Orion Molecular Cloud

Columba Cluster (0.034)

Norma & Great Attractor (0.016)

LMC

Fornax Cluster (20 Mpc)

Horologium Supercluster (0.067)

Pavo-Indus Supercluster (0.015)

Die bedeutende Gravitationsanomalie des Großen Attraktor, die auf den Virgo-Superhaufen, die Große Mauer mit dem Coma-Haufen und auch den Hydra-Centaurus-Superhaufen einwirkt, wurde 1990 durch Unregelmäßigkeiten im Hubble-Fluss entdeckt. Das heißt, dass sich die Galaxienhaufen in diesem Bereich weniger schnell voneinander entfernen, als dies bei einer homogenen Expansion des Universums der Fall wäre.

BILDNACHWEIS: «Large Scale Structure in the Local Universe: The 2MASS Galaxy Catalog», Jarrett, T.H. 2004, PASA, 21, 396, IPAC/Caltech, by Thomas Jarrett, NASA immer nur über mehr und mehr Phänomene, die sich innerhalb dieser Annahme, dass es einen Urknall gegeben hat, wunderbar einordnen lassen.

Wir finden zum Beispiel heraus, dass drei Minuten nach dem »Big Bang« die ersten Elemente im Universum entstanden sind. Wasserstoff und Helium, noch ein bisschen Lithium gegen die Depression, dazu etwas Beryllium und Bohr. Das war's. Mehr war nicht drin.

Danach war das Universum so groß und so kalt, dass gar keine Möglichkeit mehr bestand, dass Atomkerne miteinander verschmelzen. Das war eine der ersten Vorhersagen des ursprünglichen Urknallmodells. 75 Prozent Wasserstoff, 24,69 Prozent Helium und der Rest Lithium, Beryllium und Bohr. Wow! Genau das hat man gefunden. Und dann noch die kosmische Hintergrundstrahlung (siehe Seite 21).

Ein solch heißes Urknallmodell (siehe Seite 27) sagt natürlich voraus, wenn das Universum sich ausdehnt, dann müsste man auch heute noch die Strahlung von dessen Anfang beobachten können. Die Strahlung ist nicht weg. Aus diesem Universum kann die Strahlung ja nicht raus. Man hatte also die Vorhersage, dass die Strahlung des Urknalls mit einem ganz besonderen Spektrum, dem des »Schwarzen Körpers«, zu detektieren sein müsste. Da komme ich wieder auf die zwei Radioingenieure zurück. Sie erinnern sich: 1948 wurde diese Vorhersage gemacht und 1964 waren die beiden späteren Nobelpreisträger Penzias und Wilson zufällig mit ihrem Lauschgerät im richtigen Frequenzbereich unterwegs. Dabei wurden sogar die Schwankungen der Hintergrundstrahlung entdeckt. Seitdem haben wir Präzisionskosmologie.

Diese Schwankungen entstanden 380.000 Jahre nach dem Urknall, als das Universum so weit abgekühlt war, dass das Licht nicht mehr so intensiv mit den Materieteilchen wechselwirkte. Warum nicht? Na ja, weil die Atomkerne auf einmal die Elek-

Die Entdeckung der Hintergrundstrahlung (siehe Seite 21) durch Arno Penzias (rechts) und Robert Woodrow Wilson (links) im Jahr 1964 passierte mehr zufällig beim Test einer neuen, empfindlichen Antenne, die für Experimente mit künstlichen Erdsatelliten gebaut worden war. Das Bild zeigt die beiden Wissenschaftler, die 1978 für ihre Entdeckung mit dem Physik-Nobelpreis ausgezeichnet wurden, vor dieser Antenne.

BILDNACHWEIS: wikimedia, gemeinfrei

tronen – zack – zu sich geholt haben. Warum? Die Elektronen waren zu langsam, etwas unterkühlt könnte man sagen. Bei 4000 Kelvin – also 4000 Celsius Grad – die 273 Grad Unterschied zwischen Celsius und Kelvin können wir hier vergessen – haben die Elektronen einfach nicht mehr genügend Drive, um sich der elektrischen Anziehung durch den positiv geladenen Atomkern zu entziehen und – zack – sind sie drin. Gut, sie fallen nicht in den Atomkern rein, sonst würden wir ja nur aus Neutronen bestehen, wären also gar nicht da. In dieser Zeit haben die Photonen der Hintergrundstrahlung, diese Strahlungsteilchen, keinen Wechselwirkungspartner mehr. Freiheit für alle Photonen!

Das Licht geht an! Zum ersten Mal macht die Materie, was sie will. Auch die Strahlung! Nix wie weg hier. Genau in diesem Moment kann zum ersten Mal Materie unter ihrem eigenen Gewicht vollständig zusammenfallen. Sie kann endlich Strukturen bilden. 20 Millionen Jahre nach dem Urknall entstehen so die ersten Sterne.

Sie wissen, was ein Stern ist? Also, ein Stern ist ein Kernfusionsreaktor. Eine Materiekonfiguration, in der unter dem eigenen Gewicht Materie zusammengeballt ist und der Druck im Inneren

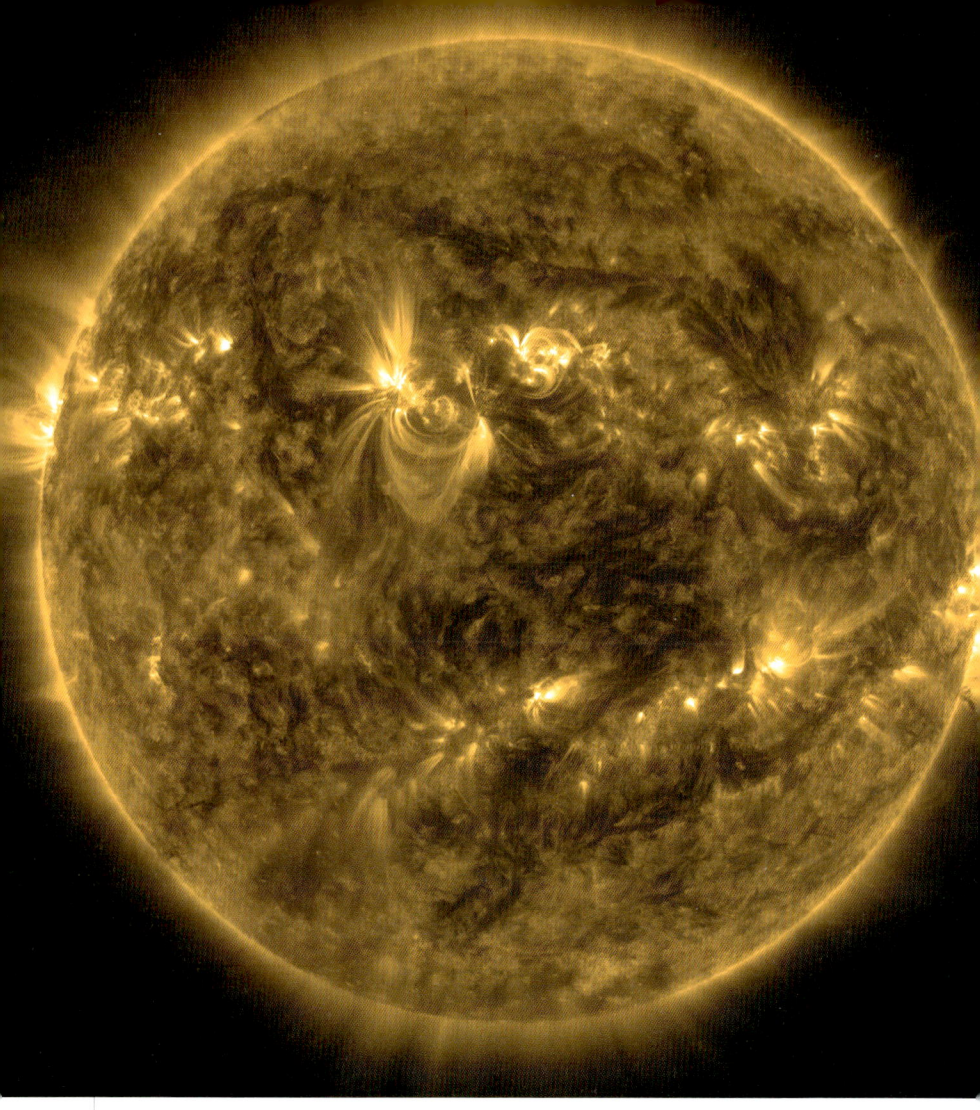

Die Sonne, 4,5 Milliarden Jahre alt, ein durchschnittlicher Stern mittlerer Größe am Rande der Milchstraße. Durchmesser 1,4 Millionen Kilometer, das entspricht 109 Erddurchmesser, darin enthalten sind 1,3 Millionen Erdvolumina, 332.000 Erdmassen, so lässt sich die Größe des gewaltigen Nukleareaktors beschreiben, der in einer Sekunde über 600 Millionen Tonnen Wasserstoff zu Helium verschmilzt und in dessen Kern eine Temperatur von 15 Millionen Grad Celsius herrscht. Unglaubliche 10.000 bis 170.000 Jahre brauchen die Photonen, um an die Sonnenoberfläche zu gelangen. Dann dauert es nur noch 8 Minuten bis das Licht der Sonne die 150 Millionen Kilometer bis zur Erde überbrückt.

so hoch ist, dass Atomkerne – obwohl sie positiv geladen sind – miteinander verschmelzen, weil die Kernkraft zugreift. Übrigens, bei unserer Sonne, auch ein Stern wohlgemerkt, ist nur einer von einer Trillionen Zusammenstößen erfolgreich.

Trotzdem bekommen wir einen Sonnenbrand, wenn wir uns zu lange dem Gestirn aussetzen.

Die Energie, die bei der Kernfusion frei wird, drückt nach außen und so lange diese beiden Kräfte, also der Druck nach außen und die Gravitationswirkung nach innen ausbalancieren, ist alles gut. Wenn nicht, dann bricht der Stern unter seinem eigenen Gewicht komplett zusammen, weil ihm dann die Energiequelle fehlt. Was dabei abgeht, nennen wir Supernova. Bei dieser gewaltigen Explosion schleudert der sterbende Stern alle Elemente, die er sich erbrütet hat, in den Weltraum. Jede neue Sterne-Generation bedient sich dieser schweren Elemente.

Wir Homo sapiens, die wir über die Erde wandeln, bestehen übrigens zu 92 Prozent aus Sternenstaub. Bei einigen Exemplaren müsste dringend staubgesaugt werden.

Bei allem Staunen und großer Ehrfurcht, wir reden hier die ganze Zeit über eine nicht satisfaktionsfähige Fraktion im Universum. Wenn es nämlich wie in einer ordentlichen Parteien-Landschaft eine Fünf-Prozent-Hürde gäbe, dann würde die leuchtende Materie glatt durchfallen. Die leuchtende Materie stellt, wenn es hoch kommt, fünf Prozent des Energieanteils im Universum. Für einen Professor der Astronomie ist das nicht einfach. Man hätte schon gern etwas mehr, über das man verbindlich reden könnte. Da treten einem fast die Tränen in die Augen.

Es gab Zeiten, da ging es uns in der Kosmologie wirklich gut. Wir dachten, wir würden das Universum verstehen. Was zum kompletten Verständnis fehlte, würde man schon noch finden. Jetzt aber kriegen Kollegen einen Nobelpreis für eine Dunkle Energie, die 72 Prozent des Energieinhaltes unseres Universums

1994 wurde die Supernova 1994 D im Randbereich der Galaxie NGC 4526 im rund 54 Millionen Lichtjahren entfernten Virgo Galaxienhaufen entdeckt.

ausmacht. Und dann gibt es da auch noch die Dunkle Materie. Das ist keine leuchtende Materie, die nicht strahlt, sondern die ist ganz anders. So anders, dass wir sie nur indirekt mitkriegen.

Moment mal, hier hätte sich die Strahlung von der Materie entkoppelt und dann wäre die Materie ... ja, in was wäre sie denn hineingefallen? Bis dahin war die leuchtende Materie doch an die Strahlung gekoppelt. Sie wechselwirkt ja elektromagnetisch. Die hätte gar keine Fluktuation hinbekommen. Die Strahlung war ja so überwältigend, dass jede Verdichtung von Materie sofort vom Strahlungsdruck atomisiert worden wäre. Wo kommt denn dann bitte schön die Schwankung in der Materie her, lieber Herr Lesch?

Na, das muss dann die Dunkle Materie gewesen sein. Hören Sie auf! Sie sind auch genau wie dieser Aristoteles. Der hat schon damals mit dem unbewegten Erstbeweger versucht, alles zu erklären, und Sie kommen mir jetzt mit Dunkler Materie.

Nein, ganz so ist es nicht. Wir Astronomen haben da durchaus unsere Vorstellungen über das, was dahinterstecken könnte.

Ja, welche denn?

Na, das kann ich Ihnen jetzt so nicht erklären.

Oder doch, ich kann es ja mal probieren.

Es gibt Teilchen, die so gut wie gar nicht elektromagnetisch wechselwirken.

Ach, hören Sie auf!

Doch. Ja, die gibt es, die sogenannten Neutrinos. Sie, ja genau Sie werden jetzt gerade pro Sekunde und pro Quadratzentimeter von 70 Milliarden Neutrinos durchdrungen. Das kann man messen. Dazu braucht man sehr große Behälter mit schwerem Wasser, größer als ein menschlicher Wasserkopf. Darin lassen sich – wenige, aber doch – Wechselwirkungen von Neutrinos feststellen.

Diese Teilchen, die eben nicht elektromagnetisch wechselwirken, wären dann wohl die Dunkle Materie?

Nein, die sind zu leicht.

Ja, was soll es denn dann sein?

Das wissen wir noch nicht, aber wir werden es schon heraus-finden. Auf jeden Fall suchen wir danach.

Ja, aber was soll denn dann diese Dunkle Materie?

Das müssten schwere Teilchen sein. Nur schwer und sonst nix. Keine weiteren Eigenschaften. Sie dürfen nicht mit der Strah-lung wechselwirken. Sie dürfen die Strahlung nicht emittieren, geschweige absorbieren, die dürfen gar nix. Die dürfen nur schwer sein. Buddha-Teilchen. Die sind einfach nur schwer und sitzen lächelnd im Lotussitz.

Da sie von der Strahlung unbeleckt waren, konnten sie sich im frühen Kosmos aufgrund ihrer Schwere verdichten und Gravi-tationstöpfe ausbilden. Darin hat sich die leuchtende Materie wie Regen auf einer uralten Schlaglochstraße gesammelt, die eben viel schneller Pfützen bildet, als ein frisch geteerter Highway. So ist die leuchtende Materie praktisch in die Potenzialkräfte der Dunklen Materie hineingefallen und hat so die Struktur gebildet.

1987 entdeckte man eine Supernova. Jetzt bin ich wieder bei meinem Urvortrag. Erinnern Sie sich noch? Es ging um Sterne, die, wenn ihre innere Energiequelle versiegt, also die Fusion zu Ende ist, auseinanderfliegen. Man nennt das Supernova. Übri-gens haben wir die Entdeckung der Supernova von 1987 einem Raucher zu verdanken, genauer einem kanadischen Zigaretten-raucher, dem Ian Shelton. Er zündete sich im Freien eine Fluppe an, nachdem er den Himmel stundenlang in seinem chilenischen Observatorium beobachtet hatte. Dann stand er so da, paffte und guckte sich das Gebiet am Himmel mit bloßem Auge an, das er gerade mit dem Teleskop intensiv abgesucht hatte.

Die ganze Zeit war nichts los gewesen. Große Magellansche Wolke, eine Begleitergalaxie unserer Milchstraße, war wie immer. Sonst war nicht viel los. Sterne halt. Dann sieht er ein Licht am

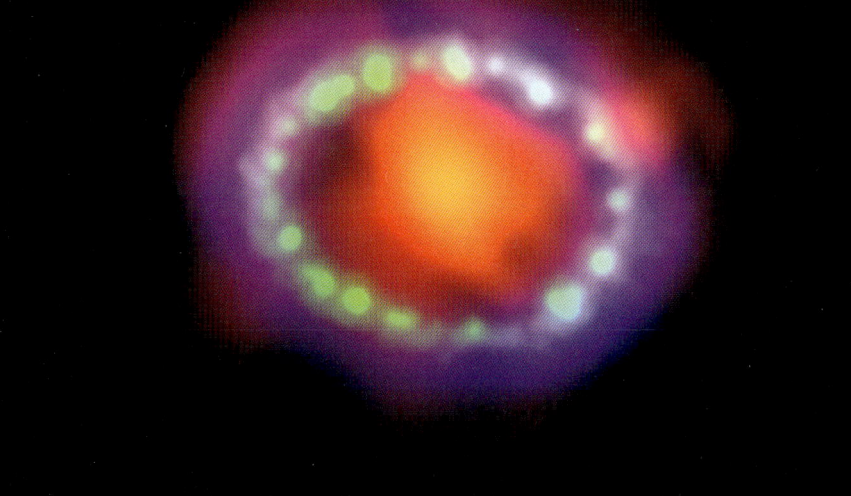

Die Supernova SN 1987A wurde am 23. Februar 1987 von dem kanadischen Astronomen Ian Shelton entdeckt. SN 1987A ist die am nächsten zur Erde gelegene und die hellste Supernova, die seit mehr als 400 Jahren beobachtet wurde. Die Sternexplosion in der Großen Magellanschen Wolke, einer Begleitergalaxie der Milchstraße, leuchtete über mehrere Monate hinweg mit der Energie von 100 Millionen Sonnen.

Himmel, genau in dem Bereich, wo er noch vor fünf Minuten dachte, dass da ein Flugzeug unterwegs sei.

Es traf ihn ins Mark! Ich kann es so gut nachempfinden, weil ich Ian getroffen habe, und er hat mir alles sehr eindrücklich beschrieben.

Überrascht wie er war, stockte ihm der Atem. Er stellte nämlich relativ schnell fest, dass das kein Flugzeug war. Trotzdem, ein Licht, wo vorher keines war! Das geht gar nicht! Also, rein ins Observatorium, noch mal genau hinschauen. Tatsächlich. Es war eine Supernova und zwar in der Phase, in der sie ihren Lichtanstieg hat. Sofort alle Observatorien der Welt, natürlich nur auf der Südhalbkugel, die Nordhalbkugel konnte ja nix sehen, rufen: Freunde, volles Fernrohr! Alle Satelliten und jeder, der irgendwie im Weltall

SN 1987A in der Großen Magellanschen Wolke

Noch spektakulärer wirkt diese Aufnahme der Supernova 1987A. Sterne und Nebel der Großen Magellanschen Wolke malen den dramatischen Hintergrund für die Selbstzerstörung des gigantischen Sterns. Das Foto ist aus mehreren Aufnahmen zwischen September 1994 und Juli 1997 entstanden.

unterwegs war, hat auf das unglaubliche Lichterereignis gestarrt. So haben wir ein komplettes Spektrum einer Supernova.

Man hat auch sofort Neutrinos nachgefragt! Hat einer irgendwas? Wenn unsere Modelle über die Supernova, die Sternenexplosion, stimmen, dann müssen doch jede Menge Neutrinos auf der Erde angekommen sein. Tja, leider Fehlanzeige! Kein einziges der scheuen geheimnisvollen Teilchen ließ sich einfangen.

Kein Wunder ... Na ja, es ist halt so. Das Ding ist 180.000 Lichtjahre von uns entfernt explodiert. Es gibt zwar einen unglaublichen Neutrinoausstoß bei so einem sterbenden Stern, aber der fällt natürlich mit dem Quadrat des Abstandes ab. Man kann dann fragen, wie viele von den Neutrinos, die von einer Supernova in einem Abstand von 180.000 Lichtjahren stammen, bei uns ankommen? Wenn sich diese Teilchen mit Überlichtgeschwindigkeit bewegt hätten, dann wären die auf dieser Entfernung von 180.000 Lichtjahren zwei Wochen vor der Supernova angekommen. Wir haben auch da nachgeguckt. Nix. Gar nix. Überhaupt nix.

Wo war ich stehen geblieben? Natürlich bei diesen Dingen, die in diesem Zusammenhang eine Rolle spielen müssen: Die Dunkle Materie. Haben wir Hinweise auf die sogenannte Annahme, dass die Dunkle Materie tatsächlich eine Wirkung im Universum haben könnte?

Wir haben nicht nur Hinweise, wir haben sogar Anlass, fest davon auszugehen, dass uns die Überwachungsmaßnahmen von verschiedenen Galaxien und Galaxienhaufen zu dem eindeutigen Ergebnis gebracht haben: Ja, die dunkle Seite des Universums haben wir verstanden. Es gibt nämlich Rotationskurven von Galaxien, die sich viel zu schnell drehen. Die leuchtende Materie würde unter ihrem eigenen Einfluss auseinanderfliegen. Es muss also eine Form von Materie geben, die nicht leuchtet, die unsere Bilder von den Galaxien nicht verändert. Sie macht tatsächlich nichts anderes, als nur schwer zu sein.

Bewegen sich Galaxien mit 2000 bis 3000 Kilometer pro Sekunde und wäre da nur die leuchtende Materie, würden die Galaxienhaufen längst auseinandergeflogen sein. Das allertollste und wahrscheinlich das überzeugendste Argument – Sie erinnern sich? 1919 Einstein, Eddington – ist die Krümmung der Lichtstrahlen durch die Anwesenheit von großen Massen. Es gibt Gravitationslinsen, sogenannte verbogene Lichtwege. Durch was werden Lichtwege verbogen? Durch Massen. Aber Massen, die man nicht sieht. Die sind einfach nur schwer. So ist die Annahme der Dunklen Materie für uns heute das geringere Übel.

Das viel größere Übel ist diese komische Dunkle Energie. Die hat man in ihrer Wirkung zwar auch entdeckt, aber erklären kann man sie beim besten Willen nicht.

Was man aber gut erklären kann, ist der weitere Verlauf der Entwicklung des Universums. 380.000 Jahre nach dem Urknall hatte sich die Materie entkoppelt, wunderbar. Der Rest ist eigentlich nur noch Verdichtung. Bis die Quantenmechanik wieder zuschlägt, bis also zwei Protonen miteinander verschmelzen können. Dabei wird Energie frei, sie dringt in den Sternen nach außen, drückt den Stern auseinander. Derweilen versucht die Gravitation des Sterns, diesen zusammenzuhalten. Es gibt eine Generation von Sternen, die schwere Elemente erbrütet. Eine weitere Generation erbrütet weitere schwere Elemente. Währenddessen ist das Universum quasi im Hintergrund am Auseinanderfliegen.

Ein Blick auf unsere Galaxie, die Milchstraße, zeigt, dass sie zusammengehalten wurde. Sie ist eine Scheibe.

1755, die »Theorie des Himmels«[4], ein wunderbares Werk. Das sollten Sie mal kurz nachlesen. Ein kleiner Mann, aber ein großer Philosoph, Immanuel Kant.

---

4 *Allgemeine Naturgeschichte und Theorie des Himmels*, Immanuel Kant, 1755. Heute erhältlich als Taschenbuch in der Reihe TRADITION CLASSICS, Verlag Tradition, Hamburg, 2011.

Der Galaxienhaufen Abell 383 im Mittelpunkt des Fotos enthält so viel Dunkle Materie, dass seine Schwerkraft als Gravitationslinse wirkt, die die Lichtstrahlen entfernter Galaxien im Hintergrund wie ein Vergrößerungsglas, wie eine Linse, krümmt und bündelt.

BILDNACHWEIS: NASA, ESA, J. Richard (CRAL) and J.-P. Kneib (LAM). Acknowledgement: Marc Postman (STScI)

IMMANUEL KANT (1724–1804), Gemälde von Gottlieb Doebler

Nach Kants Vorstellung ist unser Sonnensystem eine Miniaturausgabe der beobachtbaren Fixsternsysteme, wie zum Beispiel unser Milchstraßensystem und andere Galaxien.
So entstehen und vergehen seiner Meinung nach Planetensysteme und Sternsysteme periodisch aus einem Urnebel. Dabei verdichten sich die einzelnen Planeten unabhängig.

Zur Entstehung des Mondes nahm Kant an, dass sich dieser gemeinsam mit der Erde aus einer Verdichtung des präsolaren Urnebels direkt zu einem Doppelplaneten gebildet hat.

Mit seiner Theorie kommt Kant den heutigen Vorstellungen über die Kosmogonie näher als Pierre-Simon Laplace, der seine Hypothese zur Entstehung der Planeten 1796, also 41 Jahre später, unabhängig von Kant entwickelte. Gleichwohl werden beide Theorien oft als Kant-Laplace-Theorie über die Entstehung des Sonnensystems (Kosmogonie) zusammengefasst. Durch direkte Messungen konnte Kants Annahme über die Vielzahl von Galaxien von Edwin Hubble in den 1920er-Jahren bewiesen werden.

Er war der Erste, der gesagt hat, dass unsere Milchstraße eine Scheibe sein muss, und diese Scheibe hält zusammen. Warum? Wegen der Dunklen Materie. Wegen ihrer eigenen Gravitation. Da spielt offenbar die Expansion des Universums noch keine Rolle.

In unserer unmittelbaren Nachbarschaft, rund 2,5 Millionen Lichtjahre von uns entfernt, findet sich die Andromedagalaxie. In einer sehr dunklen Nacht, im Norden wunderschön zu sehen, ein kleiner heller Fleck, die Andromedagalaxie, ein bisschen größer als die Milchstraße.

Die Andromedagalaxie ist eine Spiralgalaxie vom Typ Sb. Im Messier-Katalog als M31 und im New General Catalogue als NGC 224 verzeichnet. Am Sternenhimmel steht sie im Sternbild Andromeda, nach dem sie benannt ist. Sie ist das fernste Objekt, das man in der nördlichen Hemisphäre mit bloßem Auge am Nachthimmel sehen kann.

BILDNACHWEIS: NASA, ESA, Digitized Sky Survey 2 (Acknowledgement: Davide De Martin)

Aber wissen Sie was? Die bewegt sich nicht von uns weg. Die bewegt sich auf uns zu! Seitdem wir wissen, dass sich Andromeda mit 485 Kilometern pro Sekunde auf die Milchstraße zubewegt, haben wir an der Sternwarte Urlaubssperre. Man weiß ja nie.

Im Bereich der Millionen Lichtjahre merkt man überhaupt nichts von der Expansion, da bilden sich neue Galaxien. In Fünf Milliarden Jahren, es tut mir leid, kommt es zur direkten Begegnung. Dann haben wir einen »Milkandromeda« oder so ähnlich. Es ist Milky Way und dann Dromedar. Die beiden Galaxien wer-

Diese Foto-Ilustration nach einer Computerberechnung zeigt die Annäherung unserer Milchstraße mit der Andromedagalaxie in ungefähr 3,75 Milliarden Jahren. In etwa vier Milliarden Jahren werden die beiden Galaxien kollidieren. Nach zwei weiteren Milliarden Jahren werden sie zu einer Galaxie zusammengewachsen sein.

BILDNACHWEIS: NASA, ESA, Z. Levay and R. van der Marel (STScI), and A. Mellinger

den sich zu einer großen Galaxie zusammentun. Unser Sonnensystem wird dann aus dieser neuen Milchstraße herausgeschleudert werden. Mal sehen, wo es uns hinverschlägt.

Vielleicht als »Rausschmeißer« des Kapitels noch folgende Geschichte: Nehmen wir an, wir hätten irgendeinen Stern in der Milchstraße, unsere Sonne ist noch lange nicht geboren. Wir sind in einer Zeit, als die erste Sternengeneration verbrannt und Platz für die »neuen Wilden« geschaffen worden war. Die neuen Wilden waren also schon da. Die hatten schon schwere Elemente und ähnelten annähernd den Sternen, die wir heute kennen. In einem dieser Sterne war irgendwann Feierabend mit der Fusion von Wasserstoff zu Helium. Der Wasserstoff war verbraucht. Nun verschmolz Helium mit Helium. Am Anfang ging das noch nicht richtig. Als der Stern merkte, dass in ihm die Energiequelle zusammenbrach, war er völlig schockiert. Die Massen rutschten einfach tiefer. Der Stern schrumpfte, er komprimierte. Innen wurde es natürlich aus Mangel an Platz immer dichter. Die Temperaturen stiegen an, und auf einmal begannen Helium-Atomkerne miteinander zu verschmelzen. Hier findet sich jetzt jede Menge Kohlenstoff, auch Sauerstoff. Aber bleiben wir mal beim Kohlenstoff. Seine Geschichte ist wunderbar.

Kohlenstoff ist die Nummer 6 im Periodensystem. Sechs Protonen, sechs Neutronen, also 12 Teilchen. Wunderbar. Kohlenstoff ist ganz einfach. Es ist nur dumm, weil sich drei Helium-Atomkerne quasi nie treffen. Was jetzt? Jetzt kommt endlich ein Element zu seinem Recht, das zu den großen Verlierer-Elementen der kosmischen Geschichte zählt. Beryllium.

Das schöne Beryllium. Wann, meine Damen und Herren, wurde in Deutschland zuletzt ein großer öffentlicher Vortrag über das Element Beryllium gehalten? Fragen Sie sich doch mal selbst, wann haben Sie das letzte Mal über Beryllium nachgedacht?

Beryllium entsteht durch die Fusion von zwei Heliumkernen. Es ist ein Kern, der zu den stabilsten Atomkernen unter den instabilen Kernen gehört. Während andere instabile Atomkerne nach 10^{-23} Sekunden schon zerfallen, bleibt Beryllium 10^{-16} Sekunden lang stabil. Das ist doch ein Angebot. Das entspricht dem Verhältnis von einer Sekunde zu drei Monaten. Das heißt, In der Welt der Atomkerne ist das Beryllium-Atom ein träger Faulenzer. Anstatt zu zerfallen, wie sich das ordentlich gehört, lungert es rum. Und da kann es schon einmal passieren, dass sich zu einem Beryllium-8 ein weiterer Heliumkern gesellt. So entsteht aus dem Beryllium-8 ein Kohlenstoff-Atom. Es ist der Wahnsinn.

Diese Geschichte geht auf jemanden zurück, der den Namen Fred Hoyle trug. Einer der größten Kritiker der Urknallhypothese, der in einer seiner berühmten Radiosendungen in den 1950er-Jahren leicht empört sagte: »Ha, die haben da irgendwas entwickelt, sieht aus wie ein Big Bang.«

Den Big Bang hat er überhaupt nicht gemocht. Er war ein großer Freund der Steady-State-Theorie. Schon Aristoteles meinte, dass alles war und ewig gleich bleibt. Big Bang, so ein Quatsch. Dass Hoyle damit ein Branding vornimmt, also eine Marke einführt, das hatte er nicht im Sinn.

Bei der Kosmologie hat er sich geirrt, aber bei der Kernphysik, bei der nuklearen Physik der Sterne, da war er einer der ganz Großen. Seine Entdeckung mit folgender Argumentation, ist an Chauvinismus nicht mehr zu überbieten:

»I'm here«. »Ich, Fred Hoyle, bin da.« Das Universum hat sich jede Menge Arbeit mit mir gemacht. Wie kommt mein Kohlenstoff zustande? Wie kommt es in Sternen dazu, dass überhaupt Kohlenstoff übrigbleibt? Und er schloss dann messerscharf, es muss eine Reaktion geben, in der sich Heliumkerne zu einem Beryllium zusammenfinden. Die nächste Reaktion, dass ein weiterer Heliumkern von dem Beryllium eingefangen wird, muss bevorzugt sein. In der Kernphysik spricht man von einer »Resonanzreaktion« mit einem besonders großen Wechselwirkungsquerschnitt.

Ein Mensch, ein Homo sapiens, knapp zwei Meter groß, sagt, weil ich da bin, muss es gewisse Eigenschaften im Universum geben. Mit seiner Hypothese ist Hoyle zu den Experimentalphysikern in der Kernphysik gegangen. Die haben erst mal süffisant gesagt, lieber Fred, was hast du denn da Schönes? Hoyle hat auf einer Hypothesenüberprüfung, auf ein experimentum crucis bestanden. Dabei ist genau das rausgekommen, was Hoyle vorausgedacht hatte. Es ist das einzige Mal in der Geschichte der Wissenschaften, dass aus der eigenen Existenz auf ein Naturgesetz geschlossen worden ist und das auch noch gefunden wurde.

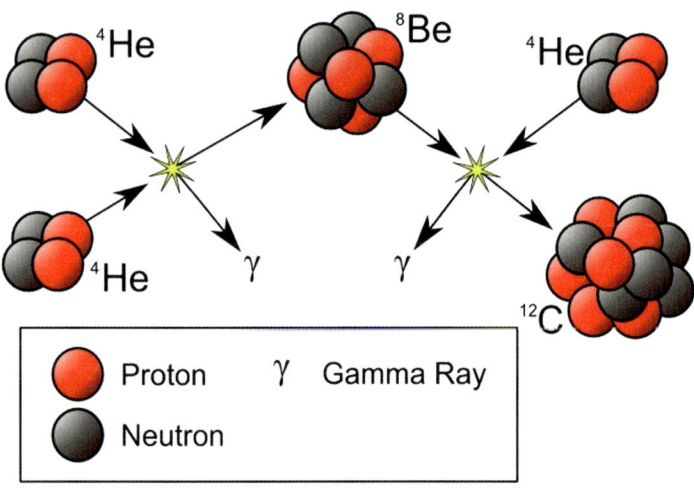

Drei-Alpha-Prozess

Der britische Astronom und Mathematiker Sir Fred Hoyle (1915–2001) stellte in einer seiner frühen Arbeiten über die Abläufe der stellaren Nukleosynthese fest, dass eine bestimmte Kernreaktion – der Drei-Alpha-Prozess, bei dem Kohlenstoff erzeugt wird – voraussetzt, dass der Kohlenstoffkern dafür ein sehr spezifisches Energieniveau besitzen muss. Basierend darauf machte er eine Vorhersage über die Energieniveaus im Kohlenstoffkern. 1954 wurde der Hoyle-Zustand experimentell bestätigt. Damit war bewiesen, der Drei-Alpha Prozess fusioniert drei Heliumkerne über den Zwischenschritt Beryllium zu Kohlenstoff.

Das heißt, Wir haben eine ganze Reihe von hochgradig interessanten Eckpfeilern in der kosmischen Entwicklung, die uns zumindest im Prinzip zu der Hypothese führen könnten, dass Vieles von dem, was ich Ihnen bisher erzählt habe, nicht völlig falsch ist. Ich will auf den guten Felix Krull beziehungsweise den Professor Kuckuck, zurückkommen. Zur Erinnerung vielleicht den letzten Satz:

»Unterdessen feiere das Sein sein tumultuöses Fest in den unermesslichen Räumen, die sein Werk seien und in denen es Entfernungen bilde, die von eisiger Leere starren.«[5]

Also, über die eisige Leere wissen wir jetzt Bescheid. Aber jetzt kommt's, er sprach auch,

»... von dem Riesenschauplatz dieses Festes, dem Weltall, diesem sterblichen Kinde des ewigen Nichts, angefüllt mit materiellen Körpern ohne Zahl, Meteoren, Monden, Kometen, Nebeln, Abermillionen von Sternen, die aufeinander bezogen, zueinander geordnet waren durch die Wirksamkeit ihrer Gravitationsfelder zu Haufen, Wolken, Milchstraßen und Übersystemen von Milchstraßen, deren jede aus Unmengen flammender Sonnen, drehend umlaufender Planeten, Massen verdünnten Gases und kalten Trümmerfeldern von Eisen, Stein und kosmischem Staube bestehen ...«[6]

Mann oh Mann, der Thomas Mann. Da hatte ein großer Autor schon einen gewaltigen Einblick und eine wundersame Eingebung.

---

5 *Bekenntnisse des Hochstaplers Felix Krull,* Thomas Mann, Fischer, Frankfurt am Main, 1989
6 Ebenda

DIE ENTSTEHUNG DES HIMMELS

Wie entstanden aus dem heißen Anfang unsere Milchstraße und alle anderen Galaxien? Die Königin der Kräfte, die Schwerkraft, formt die Sterne und Galaxien und entleert dafür das Universum. Manche Sterne geben die in ihnen erbrüteten Elemente in einer Supernova wieder an das Universum zurück – unser Sonnensystem entsteht.

Sie haben ja hoffentlich schon einmal Bilder von der Milchstraße gesehen. Wie sah das aus? Wie eine Spiralscheibe? Das kann nicht unsere Milchstraße gewesen sein! Ansonsten hätte ja jemand außerhalb sein müssen und die Milchstraße als Ganzes sehen oder fotografieren müssen. Deswegen, wir haben noch nie ein Bild von der Milchstraße gemacht! Wir beobachten am Nachthimmel nur dieses leuchtende Band.

Das leuchtende Band der Milchstraße am Nachthimmel über der Atakama-Wüste.
Die Höhe und die klare Luft machen diesen herrlichen Blick auf unsere Heimatgalaxie
möglich. Deswegen stehen in der Atakama-Wüste auch die großen Observatorien
der ESO.

Bei der Milchstraße sehen wir den Wald vor lauter Bäumen nicht. Wir sind mittendrin. Schön wäre natürlich, wir hätten eine Aussichtsposition, so 30.000 Lichtjahre von der Milchstraße entfernt. Von da aus böte sich ein grandioser Panoramablick. So wie wir zum Beispiel von der Erde aus die Andromedagalaxie (siehe Seite 65) sehen können, eine richtig schöne Scheibengalaxie.

Es war ein riesiger Aufwand notwendig, um herauszufinden, wie sich unsere Milchstraße bewegt. Wir setzten Fernrohre, Radioteleskope, Röntgenteleskope und UV-Teleskope ein. Letztere sind im All stationiert. Solange wir die Ozonschicht nicht vollständig zerstört haben, können wir hier unten keine Ultraviolett-Astronomie betreiben. Das Ozon hält das ganze ultraviolette Licht ab. Deswegen arbeiten wir ja massiv daran, die Ozonschicht zu vernichten, was nach dem FCKW-Verbot nicht mehr so recht gelingen mag. Aber die Ersatzstoffe sind nicht ohne – eigentlich noch schlimmer.

Dann haben wir Gamma-Astronomie mit inzwischen sehr hohen Energien. Die Kaskaden kommen tatsächlich bis zum Erdboden durch. Und es gibt diese riesengroßen Radioschüsseln. Wenn Sie mal einen schönen Ausflug machen wollen, fahren Sie in die Eifel, schauen Sie sich dort das 100-Meter-Teleskop in Effelsberg an, wahrscheinlich das beste Radioteleskop im gesamten Quadranten der Milchstraße. 3000 Tonnen deutscher Stahl in einer Paraboloid-Form mit einer mittleren Abweichung vom Idealmaß von 0,6 mm. Das ist wirklich präzise, so gehört sich das.

Mit diesen Geräten schauen wir uns das Universum an. Wieso tun wir das? Weil wir der Meinung sind, dass die Naturgesetze, die wir von der Erde kennen, überall gelten. Das ist immer noch die tragende These. Es geht dabei um die Naturgesetze der Strahlung. Woher kommt sie, wie entsteht sie? Und wie breitet sie sich aus? Das ist die zentrale Hypothese für uns Astrophysiker. Ansonsten könnten wir überhaupt keine ordentliche Physik betreiben. Wür-

Das Radioteleskop Effelsberg gehört zum Max-Planck-Institut für Radioastronomie in Bonn. Es wurde zwischen 1968 und 1971 von einer Arbeitsgemeinschaft des MAN-Werks Gustavsburg und der Friedrich Krupp AG gebaut und am 1. August 1972 in Betrieb genommen. Die technischen Schwierigkeiten, ein Radioteleskop mit 100 m Durchmesser zu fertigen, rühren von der Verformung des Spiegels beim Bewegen und Kippen, die die Konstruktionsstruktur der Parabolspiegel stört. Nach Fertigstellung des Radioteleskops konnte durch Messungen gezeigt werden, dass die ursprünglich angestrebte Toleranz des Spiegels von 1 mm deutlich unterschritten werden konnte. Die mittlere Abweichung vom idealen Paraboloiden beträgt weniger als 0,6 mm. BILDNACHWEIS: Dr. G. Schmitz, wikiemdia, gemeinfrei

den wir nicht mit dieser These arbeiten, würde etwas x-Beliebiges rauskommen. Dann könnte man zum Beispiel auch behaupten, dass es da, wo keine Strahlung herkommt, trotzdem leuchtet.

Wir schauen uns die Strahlung an, weil sie uns etwas über den physikalischen Zustand des strahlenden Materials erzählt. Das strahlende Material sind vor allem Sterne und interstellares Gas, das Gas zwischen den Sternen. Da tauchen gleich die ersten

Probleme auf, weil das dort nicht so zugeht wie bei uns auf der Erde. Wir haben ja hier so was wie Luft, also Sauerstoff, Stickstoff, Kohlendioxyd, ein bisschen Methan und Argon, ab und zu auch Wasser. Sie wissen schon, die großen Wolken. Die wiegen ein paar Tausende Tonnen, fallen aber nicht runter, weil der Auftrieb der Wassertröpfchen sie oben hält. Reicht der nicht mehr aus, fängt es an zu regnen.

Aber das ist nicht die Art von Wolkenstruktur, die wir im interstellaren Medium beobachten. Das ist etwas ganz anderes. Bei uns sind die Temperaturen, sagen wir mal großzügig, im Bereich von 300 Kelvin. Im interstellaren Gas gibt es Regionen von einer Million Grad und direkt daneben, wirklich wie abgeschnitten, astronomisch gesprochen: Kälte. Wie Sie ja wissen, arbeiten Astronomen mit Lichtsekunden, Lichtminuten, Lichtjahren. Wenn ein Gas Millionen Grad heiß ist und nur 15 Lichtjahre daneben wabert kaltes Gas, dann ist das für uns wie abgeschnitten. Nur damit Sie einmal eine Ahnung davon bekommen, wovon ich rede.

1 Lichtjahr sind 365 Tage, also 86.400 Sekunden mal die Lichtgeschwindigkeit. Sie können sich ja mal ausrechnen, welche Entfernung das ist. Sie haben richtig gerechnet, wenn sie auf einen Wert von $9{,}461 \times 10^{12}$ Kilometer, also 9,461 Billionen Kilometer kommen. Ziemlich weit!

Wie kann ein Mensch wie ich das behaupten? Dahinter steckt die Anwendung einer Strukturwissenschaft. Man nennt sie – ich sage es ganz leise – Mathematik. Sie erlaubt uns eine Horizonterweiterung, die weit über unseren Erfahrungsbereich hinausgeht. Zumindest konzeptionell dringen wir in Wirklichkeitsbereiche ein, die unseren Sinnen nicht zur Verfügung stehen.

Kommen wir zurück zum Ausgangspunkt. Wir haben also im interstellaren Medium eine Menge Informationsquellen. Das Gas gibt Röntgenstrahlung ab. Du lieber Gott, wo kommt die denn her? Ich kann es Ihnen sagen, von explodierenden Sternen, die ihre Hüllen mit ein paar Zigtausend Kilometer pro Sekunde ins interstellare Medium hinausschießen. Bei 10.000 Kilometer pro Sekunde ergibt das eine Temperatur von 10^8 Grad. Das sind schlanke 100 Millionen Grad. Das ist echt heiß. Daneben findet sich dünnes Gas. Es ist, wie gesagt, wie abgeschnitten. Das dünne Gas ist kalt. 50 Kelvin.

Kelvin. Wissen Sie Bescheid? Null Grad Celsius sind 273 Kelvin. Das heißt 50 Kelvin sind schweinekalt. Und es gibt noch kühlere Wolken mit unterschiedlich temperierten Regionen. Daneben kann eine lauwarme Gaswolke wabern. So um die 1000 Grad, nur aus Wasserstoff bestehend. Das kann man gut sehen, weil der Wasserstoff einen sogenannten »Spin-Flip« macht.

Jetzt zeige ich Ihnen kurz an einem Beispiel, wie abhängig wir Astronomen von der Quantenmechanik sind. Wasserstoff hat ja nur ein Proton. Wunderbar. Wasserstoff ist deswegen auch das Element Nummer 1 im Periodensystem. Um dieses eine Proton – damit es neutral ist – bewegt sich ein Objekt namens Elektron herum. Wir haben gern die Vorstellung, Elektronen seien so kleine gelbe oder blaue Kügelchen. Das sind sie aber mitnichten. Wir wissen nur, dass es sich als vernünftig erwiesen hat, das Elektron als negativ geladen gegenüber dem Proton als positiv geladen zu betrachten. Denn daraus ergibt sich wiederum das Konzept des neutralen Wasserstoffs. Und das scheint auch ganz vernünftig zu sein.

Wir nennen beide Teilchen Elektron und Proton, obwohl es tatsächlich nur Konzepte sind. Schließlich hat niemand von uns jemals ein Elektron gesehen. Oder haben Sie schon mal so tief ins Glas geschaut, dass Sie anfingen, Elektronen zu sehen?

Ich kann bei dem, was wir tun, immer nur erzählen, was sich bewährt hat. Nicht im Sinne von Wahrheit. Wahrheit ist nicht mein Thema. Das heißt nicht, dass ich ein Lügner bin. Das heißt nur, dass wir in den Naturwissenschaften eben nie wirklich sagen können, ob etwas wahr ist. Wir können nur sagen, die Hypothese hat sich bis jetzt bewährt. Wir sind Falsifikanten, wenn Sie so wollen. Wir können nur herausfinden, ob etwas nicht falsch ist – möglicherweise noch nicht falsch. Das ist eine ganz wichtige Einschränkung und höchst unbefriedigend. So nach dem Motto, mein Gott, für was bezahlen wir Sie denn, wenn Sie nicht auf der Suche nach der Wahrheit sind? Auf der Suche sind wir schon, nur wissen wir, dass wir sie nicht finden werden.

Wir können nämlich keine All-Aussagen machen nach dem Motto, »alle Schwäne sind weiß.« Denn an der Spitze der Südinsel von Neuseeland, am anderen Ende der Welt, gibt es tatsächlich schwarze Schwäne! Deswegen stellen wir erst einmal die Hypothese auf, dass alle Schwäne weiß sind. Dann fangen wir an zu suchen. Und diese Suche nach Indizien, ob die Hypothese richtig oder falsch ist, das ist unsere Forschung.

Jetzt komme ich wieder auf meinen Wasserstoff zurück. Das Wichtige ist, diese Teilchen – Protonen, positiv und Elektronen, negativ – haben eine Eigenschaft, für die sich kein besseres Wort als »Spin« findet. Dieser unterteilt sich in »Spin-up« und »Spin-down«. Stehen die Spins parallel, ist diese Konfiguration energetisch günstiger – das kann man ausrechnen. Das heißt, es gibt einen ganz winzigen Energieunterschied zwischen der Konfiguration Wasserstoff mit zweimal Spin-up und der Konfiguration Spin-up und Spin-down. Der Energieunterschied wird im Radiobereich bei einer Frequenz von 1,4 Gigahertz oder einer Wellenlänge von 21 Zentimetern abgegeben. Diese Strahlung kann man überall im Universum beobachten. Sie durchdringt alles. Deswegen weiß man, wenn man diese Strahlung misst, 1,4 Gigahertz, das ist neutraler Wasserstoff.

Folgendes habe ich noch nicht erzählt: In den Gaswolken gibt es Moleküle. Und was für welche. Blausäure, Methylalkohol, Ethylalkohol, Ameisensäure, der ganze Kram. Alles ist in riesigen

Mengen vorhanden, denn damit sie in der Strahlung zu sehen sind, müssen unglaubliche Mengen davon existieren.

Jetzt müssen Sie sich kurz noch mal die Abhängigkeit von uns Astrophysikern von der Quantenmechanik in Erinnerung rufen. So ein Molekül – nehmen wir ein Kohlenmonoxid oder eines dieser großen Wasserstoffmoleküle – kann vibrieren und rotieren. Im Gegensatz zu den Übergängen, die in Atomen möglich sind, bei denen Elektronen von einer Energiestufe zur anderen springen, geben die hier ihre Emission ungern ab. Weil das gesamte Molekül anfängt zu schwingen, kann es die Strahlung entsprechend absorbieren. All diese Dinge findet man im elektromagnetischen Spektrum nur auf der langwelligen Seite, im sogenannten »Infrarotbereich«.

Gerade bei Fragen wie »Woher kommt unser Sonnensystem?« oder »Gibt es noch ein anderes Planetensystem als unseres?« muss das gesamte Spektrum der elektromagnetischen Strahlung miteinbezogen werden.

Wir Astronomen machen Lichtdeutung. Ich sagte es bereits. Dabei lesen wir immer nur die Zeitung von gestern, manchmal sogar von vorgestern. Die Kosmologen lesen ganz alten Kram. Sie freuen sich sogar, wenn sie etwas finden, was noch älter ist. Astronomen suchen sich also aus der elektromagnetisch geschriebenen Zeitung das heraus, was sie interessiert. Schlagzeilen vom Rand der erkennbaren Wirklichkeit.

Eine Schlagzeile in den 1920er-Jahren meldete, die Milchstraße ist nicht die einzige Galaxie im Universum! Das hätte man bis dahin nie gedacht, denn die Milchstraße galt als einzigartig. Plötzlich gab es viele andere Flecken, die weder Nebel noch Wolken, sondern eigenständige Galaxien waren. Diese Entdeckung führte später zu der Erkenntnis, dass das Universum expandiert.

Jetzt kehren wir zu unserer Galaxie zurück und schauen genauer hin. Was für Strukturen finden wir? Wir gehen davon aus, dass die Naturgesetze, wie wir sie von der Erde kennen, überall im Universum gültig sind. Folgendes lässt sich beobachten: rotverschobene und blauverschobene Spektrallinien eines Elements. Sie wissen schon, Up- und Down-Spin von Wasserstoff. Genau hinschauen. Sind die Linien ins Rote verschoben? Nicht bei 21 Zentimetern, sondern vielleicht bei 25 oder 26 Zentimetern? Oder sind sie ins Blaue verschoben, vielleicht bei 18 oder 17 Zentimetern? Schön. Genau so etwas lässt sich beobachten. Durch die Messung der Rot- und Blauverschiebung von Wasserstoff-Spektrallinien kommt man zu der Schlussfolgerung, unsere Milchstraße rotiert in einer Art und Weise, die uns schier wahnsinnig macht. Das wäre ein eigenes Kapitel.

Es muss eine Materieform im Universum geben, die dafür sorgt, dass unsere Galaxie so schnell rotiert, wie sie es tut. Bis zu 230 Kilometer pro Sekunde. Zunächst steigt sie im Verhältnis zum Radius der Spiralscheibe einmal an, wird immer schneller und schneller. Dann bleibt sie gleich. Und das ist schockierend! Denn eigentlich erwartet man, wie im Sonnensystem, sobald die Masse hinreichend konzentriert ist, dass die Rotationsgeschwindigkeit nach außen hin abnimmt. Die Tatsache, dass es eine große Differenz zwischen dem Wert, den man erwartet und dem beobachteten Wert gibt, bedeutet, dass es etwas geben muss, was die Materie dort draußen gewaltig beschleunigt. Ansonsten wäre die nicht so schnell. Das ist zum Beispiel ein Hinweis auf die sogenannte Dunkle Materie.

Unsere Milchstraße ist eine Scheibe, deswegen sehen wir davon auch immer nur ein matt leuchtendes Band am Himmel (siehe Seite 74f.). 1755, »Theorie des Himmels«, Immanuel Kant, Königsberg. Sie erinnern sich (siehe Seite 62ff.). Der hat die Idee damals in die Welt gebracht. Dann kam ein Franzose, der Kant nicht weiter erwähnt hat, Laplace. Heute arbeiten wir eher mit dieser – ich nenne sie jetzt mal so – als Kant-Laplace-Theorie.

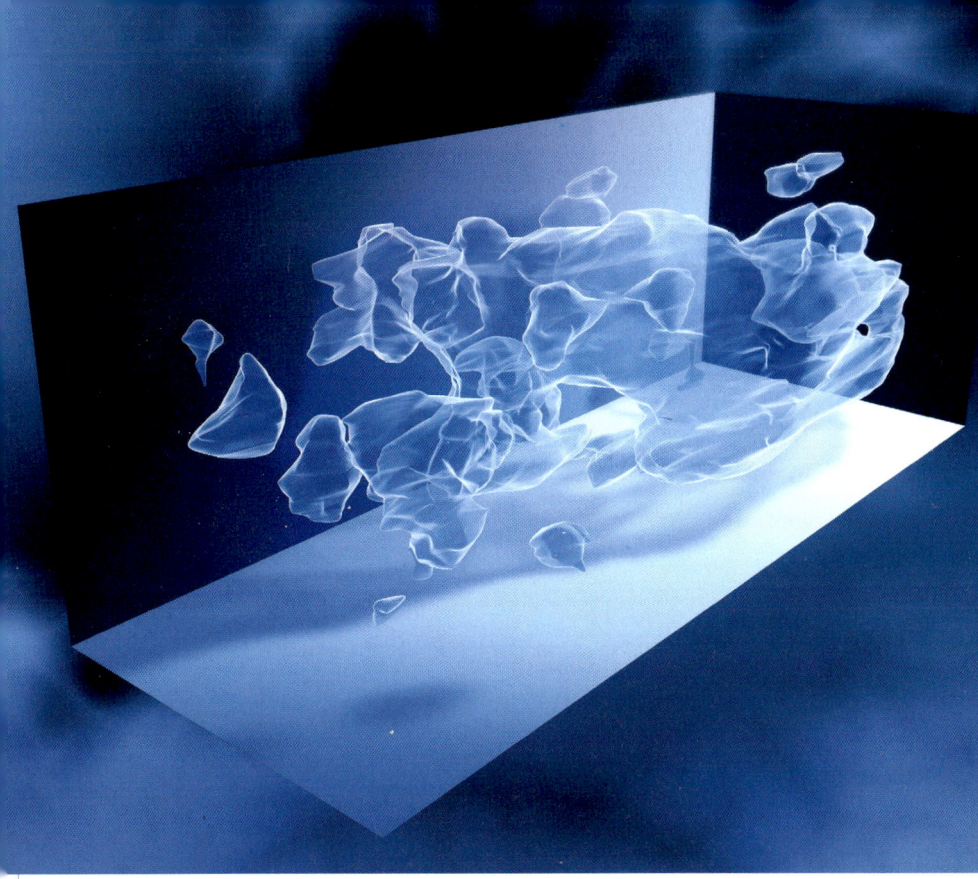

Basierend auf dem Gravitationslinseneffekt wurde mit dem Hubble-Weltraumteleskop diese dreidimensionale Darstellung der Dunklen Materie erstellt. Der Beobachterstandort befindet sich im linken Koordinatenursprung.

Die Achsen x und y kennzeichnen die Position am Himmel. In Richtung der z-Achse blicken wir in die Tiefe, das heißt, die Rotverschiebung nimmt stetig zu. Das ist gleichbedeutend mit einem Blick in die Vergangenheit, und man erkennt, wie sich die Strukturen Dunkler Materie allmählich unter der Wirkung der Gravitation von rechts nach links, also von der Vergangenheit zur Gegenwart weiter verklumpen.

Unsere Milchstraße ist also eine galaktische rotierende Scheibe. In ihr finden sich Sternen-Populationen, die sich anders bewegen als das Drumherum. Dieses Andere nennt man Spiralarm. Wir kennen Bilder von Scheibengalaxien mit Spiralarmen.

Eine typische Balkenspiralgalaxie, vom Aufbau ähnlich wie unsere Milchstraße, ist NGC 1232 im Sternbild Eridanus am Himmel der südlichen Hemisphäre. Die Galaxie ist rund 100 Millionen Lichtjahre von der Erde entfernt und hat einen Durchmesser von 200.000 Lichtjahren, und ist damit doppelt so groß wie die Milchstraße. BILDNACHWEIS: ESO

Innerhalb der Scheibe mit höherer Sterndichte gibt es Regionen höherer Gasdichte. Und dann gilt die Regel: Wo sich hohe Gasdichten finden, entstehen auch Sterne. Das geht folgendermaßen: Bei hoher Gasdichte kühlt es schneller ab. Dabei geht Energie verloren. Durch den Energieverlust ist das Gas seiner eigenen Gravitation stärker ausgesetzt. Mit anderen Worten, wo Gas dichter ist und schneller abkühlt, wird die Eigengravitation wichtiger. Das Gas kann unter seinem eigenen Gewicht zusammenfallen. Genau da erwarte ich, dass neue Sterne entstehen. Exakt das passiert. Wunderbar. Was will der Astronom mehr.

Schauen wir unsere Milchstraße oder andere Galaxien an, stellen wir fest, dass sie nur kosmischer Durchschnitt sind. In der Physik sind wir auch nur so Durchschnittstypen. Wir lieben es, vom Durchschnitt auszugehen. Wir sind nicht die Besten ... aber fast! Wir gehen von Folgendem aus: Was wir sehen, ist Durchschnitt, ist Normalität. Das heißt, unsere Milchstraße ist keine besondere Balkenspiralgalaxie. Der Teil des Universums, in dem wir leben, ist kein besonderer Teil des Universums. Ebenso wenig ist es unsere Sonne oder unser Sonnensystem. Ob unser Planet etwas Besonderes ist, wird sich noch zeigen. Mal sehen, ob wir mit dieser Hypothese durchkommen.

In der astrophysikalischen Welt sollte man nicht von vornherein behaupten, dass ein Modell das Beste sei. Das wäre ungeschickt. Es muss aber auch nicht das Schlechteste sein. Unter diesen Umständen können wir von anderen Galaxien etwas über die Milchstraße lernen. Zum Beispiel, in den Gaswolken der Spiralarme entstehen tatsächlich Sterne. Und noch was, es sind Sterne unterschiedlicher Art, nicht nur eine Sorte, wie im richtigen Leben. Nein, es gibt kleine und kleinere, mittelgroße und Riesensterne, ein ganzes Sammelsurium. Wovon hängt das ab? Natürlich von der jeweiligen Masse. Der größte uns bekannte Stern, besitzt – sind wir mal großzügig – 150 Sonnenmassen. Wahrscheinlich etwas weniger, aber es ist schwierig, ihn genauer zu fassen. Bleiben wir mal bei 150.

Der kleinste Stern kommt knapp auf eine Zehntel Sonnenmasse. Aber: Der Kleine wird 300 bis 500 Milliarden Jahre leben, der Dicke lediglich eine Million Jahre. Danach sagt der, Freunde, das war's. Eine riesen Party und Ende. Wie kommt das?

Warum haben große Sterne eine kurze Lebensdauer? Ganz einfach, ihr Energieverbrauch und damit ihre Leuchtkraft sind gewaltig. An der Oberfläche herrschen Temperaturen von bis zu 50.000, 60.000 Grad. Die Kleinen erreichen schlappe 2000 Grad, die schonen sich. Deswegen lassen sie sich gut unterscheiden. Große, junge Sterne, sind im blauen, ultravioletten Licht wunderbar zu entdecken. In ihrem kurzen Leben entfernen sie sich kaum von ihrem Geburtsort. Der Dicke weiß genau, Freunde, ich habe nur eine Million Jahre Zeit, jetzt lass ich es krachen.

Sterne sind durch den Fusionsprozess von Atomkernen Energiefreisetzungsmaschinen. Wasserstoff verschmilzt zu Helium. Das gilt für alle Sterne.

Der kleine Stern, der Winzling mit seinem 500 Milliarden Jahre Leben verbrutzelt ganz gemütlich seinen Wasserstoff zu Helium. Er spürt keinen Druck und hat kaum Gewicht. Der große Brocken hingegen merkt genau, dass 150 Sonnenmassen auf ihm lasten. Die Atomkerne verschmelzen da mit einem Affenzahn.

Nach kurzer Zeit ist aller Wasserstoff zu Helium verschmolzen, das dann wiederum zu Kohlenstoff, Stickstoff und Sauerstoff verheizt wird. Anschließend entstehen Neon, Silizium und Eisen. Oder der Stern explodiert, und alle Elemente, die schwerer als Eisen sind, werden ins Universum hinausgeschleudert. Zur Erinnerung: 92 Prozent von Ihnen und mir bestehen aus Sternenstaub. Unsere Existenz hängt entscheidend von diesem materiellen Prozess ab.

Nur 15.000 Lichtjahre von uns entfernt liegt der junge Sternhaufen Westerlund 1. Die Sterne hier sind alle gerade geboren, etwa 3 Millionen Jahre alt. Babys im Vergleich zu unserer 4,5 Milliarden Jahre alten Sonne. Unter den Sternen im Westerlund 1-Haufen ist ein wahrer Riese, der größte je entdeckte Stern, eine roter Überriese, er trägt die Bezeichnung Westerlund 1-26 und hat den 1500-fachen Radius unserer Sonne. Würde er den Platz unserer Sonne einnehmen, würde er bis über die Umlaufbahn des Jupiters hinausreichen.

Die dichten Gas- und Staubwolken sind einige Lichtjahre groß und zum Zentrum des Sternhaufens Westerlund 2 ausgerichtet. Diese Wolken sind die Brutstätten neuer Sterne.

Der Sternhaufen, dessen Sterne höchsten zwei Millionen Jahre alt sind, liegt 20.000 Lichtjahre von der Erde entfernt im Sternbild »Kiel des Schiffs« in der Milchstraße.

BILDNACHWEIS: NASA, ESA, the Hubble Heritage Team (STScI/AURA), A. Nota (ESA/STScI), and the Westerlund 2 Science Team

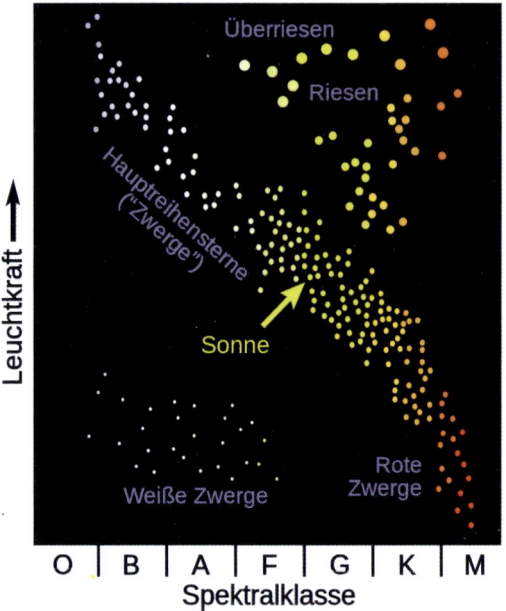

Hertzsprung-Russell-Diagramm

Die vereinfachte Darstellung des Hertzsprung-Russell-Diagramms zeigt die Entwicklungs-
verteilung der Sterne. Die meisten Sterne liegen in der sogenannten Hauptreihe, die sich von
den O-Sternen mit einer absoluten Helligkeit von circa Magnitude –6 bis zu den M-Sternen mit
einer absoluten Helligkeit von Magnitude 9 bis 16 hinzieht. Die Sterne der Hauptreihe bilden
die Leuchtkraftklasse V. Die Sonne ist ein Hauptreihenstern der Spektralklasse G2. Oberhalb
der Hauptreihe findet sich der Riesenast mit Sternen der Leuchtkraftklasse III. Zwischen der
Hauptreihe und dem Riesenast finden sich die selteneren Unterriesen mit der Leuchtkraftklasse
IV. Ihr Durchmesser liegt zwischen dem der Sterne der Hauptreihe und dem der Riesensterne.

Im Bereich der Spektralklassen A5 bis G0, links oberhalb der Hauptreihe, liegt die sogenannte
Hertzsprung-Lücke (auf der Illustration nicht eingezeichnet), ein Gebiet mit auffällig wenigen
Sternen. Sie erklärt sich dadurch, dass massereiche Sterne lediglich eine sehr kurze
Zeit benötigen, um sich zu Riesen zu entwickeln und damit relativ schnell im Riesenast
aufgehen. Daher erscheint der Bereich der Hertzsprung-Lücke relativ leer. Neben der dicht
besetzten Hauptreihe und dem Riesenast gibt es noch die Bereiche der hellen Riesen mit der
Leuchtkraftklasse II sowie der Überriesen mit der Leuchtkraftklasse I. Diese Bereiche sind
relativ dünn aber gleichmäßig besetzt. Unterhalb der Hauptgruppe finden sich die Bereiche
der Unterzwerge mit einer etwa um 1–3 geringeren Magnitude, sowie die isoliert im Bereich
der Spektralklassen B bis G liegende Gruppe der weißen Zwerge mit einer um etwa 8–12
geringeren Magnitude als die Sterne der Hauptgruppe und einem sehr geringen Durchmesser.

In den ersten drei Minuten des Universums wurden nur Wasserstoff und Helium, ein bisschen Lithium und Beryllium sowie Bohr produziert. Diese Fusionsreaktoren, die die Galaxien leuchten lassen, haben dazu geführt, dass es überhaupt Material gibt, das sich wieder zu neuen Sternen und Planeten verdichten konnte.

Der entscheidende Punkt ist, mit welcher Geschwindigkeit sich Kernfusionsprozesse in den Sternen vollziehen. Bei einem großen, schweren Stern ist der Druck auf den Fusionsofen richtig hoch. Der Vorrat verbrennt in Nullkommanix. Die kleinen Sterne, ohne Masse- und Zeitdruck fusionieren so vor sich hin.

Zwischen Winzlingen und Riesen haben sich die Otto Normalverbraucher eingerichtet. Meine Damen und Herren, darf ich Ihnen vorstellen und wärmstens ans Herz legen: Die Sonne. Unsere hellste Lichtquelle ist wirklich so was von durchschnittlich. Ein Durchschnittsstern in der Milchstraße besitzt 0,83 Sonnenmassen. Eine Sonnenmasse = unsere Sonne, so ist das definiert. Sie wird wohl 10 Milliarden Jahre alt werden. Ein paar Millionen hin oder her. Das ist eine hilfreiche Messlatte, wenn man sich Gedanken zum Leben macht.

Was für vernünftige Einschränkungen müsste man vornehmen, um sich Leben im Dunstkreis eines anderen Sterns vorzustellen? Vorausgesetzt, wir sind mit unserem Sonnensystem der kosmische Durchschnitt, vielleicht dass es 4,5 Milliarden Jahre gedauert hat, bis ein Lebewesen entstanden ist, das – definieren wir uns für einen winzigen Moment als intelligent – über sich selbst nachdenken kann. Ergo, aus der Ansammlung der Sterne kann ich all die schon einmal streichen, die nach einer Million, nach zehn oder 100 Millionen Jahren den Bach runtergehen. Selbst Sterne, die eine Milliarde Jahre vor sich hin strahlen, können es nicht schaffen. Ich kann frühestens bei Sternen mit einer Sonnenmasse anfangen. Die Langlebigen sind aber oft zu klein und deshalb zu kalt.

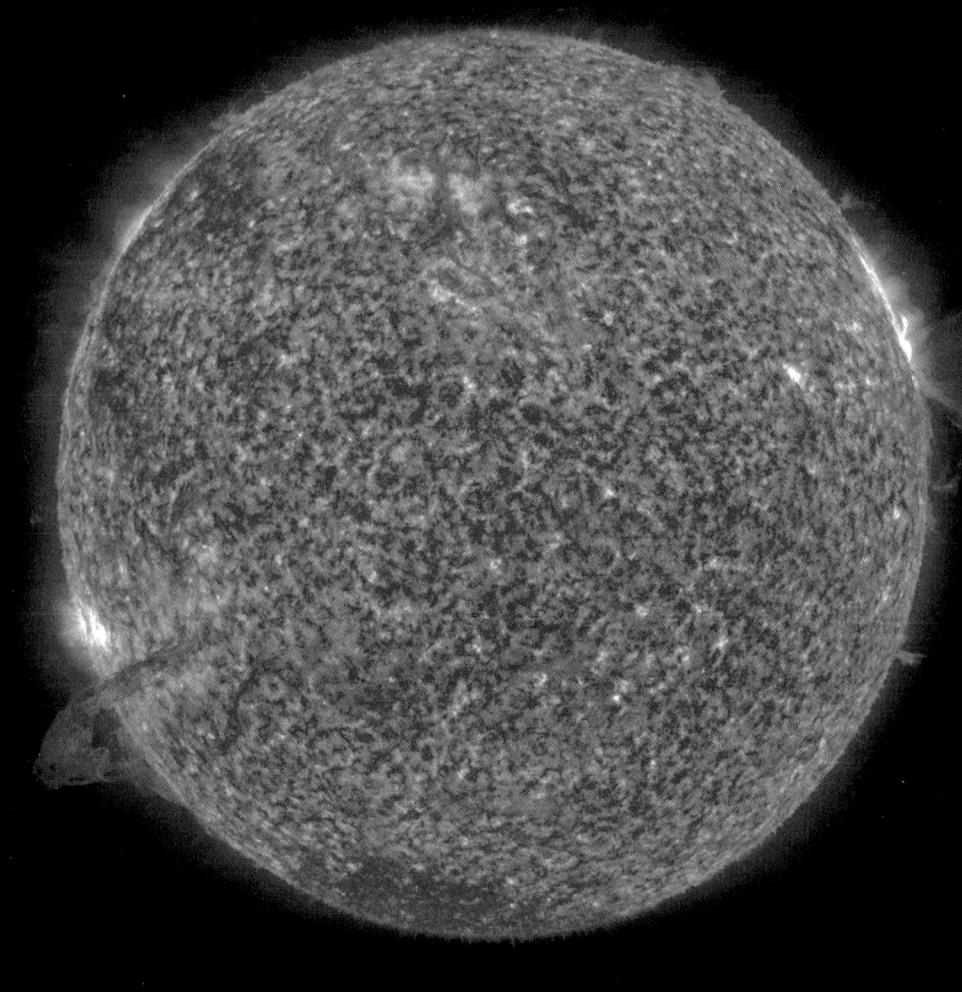

Unsere Sonne: Ein Durchschnittsstern.

Haben Sie schon einmal folgenden Versuch gemacht? Ich weiß nicht, ob es so große Mikrowellengeräte gibt. Legen Sie sich da hinein und drücken Sie auf 500, 600 Watt. Warten Sie und schauen Sie, ob Sie in diesem Milieu leben können und satt werden. Warm wird es bestimmt, aber satt werden Sie nicht. Sie sehen, offenbar trifft das Leben selbst bei der Strahlung eine ganz außergewöhnliche Selektion.

Vorhin habe ich Ihnen von den Vibrationen und Rotationen der Moleküle erzählt. Damit so komplexe Lebewesen wie wir Menschen leben können, muss eine bestimmte Form von Strahlung über den Prozess der Photosynthese dazu führen, dass bestimmte Pflanzen samt Sauerstoffproduktion aufgebaut werden. Das geht aber nicht mit Infrarotstrahlung. Auch da gibt es eine Einschränkung. Geht man nah an einen Stern heran, spürt man nicht nur seine Strahlung, sondern als schwerer Planet, als Massekörper, auch sein Gewicht. Dabei passiert etwas Unerfreuliches, man wird in seiner Eigenrotation synchronisiert. Man zeigt dem Planeten immer die gleiche Seite. Schön zu sehen bei unserem Erdmond.

Vollmond über den Anden in Chile. Unser Mond zeigt uns immer dieselbe Seite: Synchronisierte Eigenrotation. BILDNACHWEIS: ESO/B. Rojas-Ayala

Kommen wir aber zurück zu unserer Milchstraße mit ihrer stellaren Population, den kleinen Roten und den großen Blauen. Letztere sind lebensfeindlich, aber wichtig für den Materiekreislauf. Die meisten Sterne sind eben unterschiedlich groß. In einer relativ großen Gaswolke, gern einmal mit einer Ausdehnung von 300 Lichtjahren entsteht nicht nur ein Stern. Wenn Sie überlegen, bis zu Proxima Centauri sind es vier Lichtjahre. Da ist schon viel Platz dazwischen und richtig viel Material, gut 100 bis 1000 Sonnenmassen.

Proxima Centauri, auch Alpha Centauri C genannt, ist mit einer Entfernung von 4,24 Lichtjahren der sonnennächste Stern. BILDNACHWEIS: ESA/Hubble & NASA

Sie erinnern sich daran, wie am Anfang im Universum die Quantenmechanik, die Quantenfluktuation dafür sorgte, dass sich die dichteren Bereiche immer weiter verdichteten. Weil die Gravitation immer anziehend und nicht abschirmend wirkt. So gibt es in einer Gaswolke natürlich auch Bereiche, die ein bisschen dichter sind. Warum? Das Gas ist kühler und deshalb dichter. Und es wird noch dichter, wenn es unter seiner eigenen Gravitation zusammenfällt.

Noch einmal: Winzige Temperaturschwankungen in einem Gas verändern auch die Dichte. Was auf der großen kosmischen Skala abgelaufen ist, geschieht auch in der Gaswolke. Es entsteht also niemals nur ein Stern, sondern viele Sterne in unterschiedlichen Größen.

Stellen Sie sich vor, wir sind mitten in einer großen Gaswolke, ein paar Hundert Lichtjahre groß. Wir durchfliegen sie in einem Affenzahn und schauen, was passiert. Hier entsteht ein Doppelsternsystem, da ein Dreifachsystem, da fünf Stück nebeneinander. Jetzt stellen Sie sich vor, einer dieser Sterne in so einem Mehrfachsystem hätte einen Planeten. Dann saust ein anderer Stern an diesem System vorbei. Zack, das war's. Die Gravitation eines vorbeifliegenden Sterns würde zur Instabilität der Planetenbahn führen, und die Sache wäre gelaufen.

In dem Lars-von-Trier-Film »Melancholia« dringt ein Planet in unser Sonnensystem ein, macht einen kurzen Tanz mit der Erde und kollidiert dann mit ihr. Das ist natürlich völliger Schwachsinn. Planeten, die hier radial eindringen, gibt es nicht. Viel eher könnte einmal etwas an unserem Sonnensystem vorbeifliegen und die Planetenbahn destabilisieren. So was ist bisher nicht passiert, weil – das kann ich Ihnen vielleicht an dieser Stelle schon mal sagen – weil wir uns in einem der langweiligsten Areale der Milchstraße aufhalten. Bei uns ist nichts los. Gar nichts. Keine explodierenden Sterne, keine Gaswolken mit gerade sich bildenden Sternen, weder ein paar kleine noch ein paar von den großen Dingern. Die wären höchst unangenehm. Also ist es wunderbar, wenn man als lebendes System – und wir sind ja nun mal eins – möglichst weit weg ist von Systemen, die etwas dichter sind und unter ihrem eigenen Gewicht zusammenfallen und deswegen viele Sterne bilden.

Es ist essenziell für ein lebendes Sonnensystem, möglichst weit weg von allen Sternentstehungsgebieten zu sein, zum Beispiel von den Spiralarmen einer Scheibengalaxie. Das Unangenehme an den Spiralarmen ist, dass sie sich praktisch wie große Rührlöffel durch die galaktische Scheibe bewegen. Das heißt, es gibt erstens die Sterne, die von den Spiralarmen überholt werden. Das sind die weiter draußen. Sie sind langsamer als die Spiralarme. Dann gibt es die Sterne, die die Spiralarme überholen, weil sie weiter zum Mittelpunkt des Systems platziert sind. Sie erinnern sich an die Rotationskurve?

Wunderbar, gut. Und jetzt sage ich Ihnen eins, unsere Sonne könnte ja auch zu den schnellen Sternen gehören, die die Spiralarme überholen. Das wäre in regelmäßigen Abständen sehr unangenehm, weil unser Sonnensystem damit immer wieder in die Nähe von Gegenden kommen würde, in denen neue Sterne entstehen.

Unsere Sonne könnte auch zu den Sternen gehören, die regelmäßig von Spiralarmen überholt werden. Das wäre unangenehm, weil sie dann ebenso regelmäßig in die Gegend von Sternentstehungsgebieten käme. Und da ist bekanntlich der Teufel los. Aber es gibt Gott sei Dank eine ausgewählte Sorte von Sternen, die, wenn sie einmal entstanden sind, sich mit der gleichen Geschwindigkeit wie die Spiralarme um dieses Zentrum herum bewegen.

Als die große Quizshow »Die Milchstraße sucht den Superstern« zum ersten Mal gezeigt wurde, war relativ schnell klar, wer gewinnen würde. Unglaublich. Unsere Sonne! Sie ist genau da.

Sie ist kein Doppelstern, obwohl sie ziemlich groß ist. Wir haben keinen Begleiter, wir haben rein gar nichts, das die Planetenbahn irgendwie stören könnte. Dieser, unser Stern, gehört zu einer besonderen Gruppe von Sternen innerhalb der Milchstraße. Er ist nicht in der Nähe von einem Sternentstehungsgebiet, er ist kein Doppelstern und er gehört zu einer stellaren Population, die sich mit der Geschwindigkeit der Spiralarme durch die galaktische Scheibe bewegt.

Als man unsere Milchstraße und viele andere Galaxien genau untersuchte, hat man herausgefunden, dass durch diesen un-glaublichen Materiekreislauf, von dem die ganze Zeit schon die Rede war, durch die großen Sterne, die explodieren und in ihrem Schoß all die Elemente produzieren, aus denen wir beschaffen sind, die Voraussetzungen für das Leben auf dem Planeten Erde geschaffen worden sind.

Wo dieser Materiekreislauf stattfindet, führt er dazu, dass im Laufe von Jahrmilliarden langsam aber sicher – Chemikerinnen und Chemiker mögen mir verzeihen – die »Metallizität« einer Ga-laxie zunimmt. Metalle – deswegen gehe ich jetzt in Deckung – sind für einen Astronomen alles, was schwerer als Helium ist. Es tut mir leid. Sie wissen, wie das ist. Als ich 1960 geboren wurde, war die Astronomie 360 Jahre alt. Da hatten sich die Kollegen schon genau darauf geeinigt. Ich konnte nichts mehr ändern. Also, wir Astronomen sagen auch zu Fluor oder Sauerstoff Metall, weil deren Anteil sowieso nur ein winzig kleiner Fliegendreck ist. Der größte Teil des Universums besteht aus Wasserstoff, der Rest aus Helium. Und das übrige können Sie vergessen.

Aber »Metallizität« steht für die Menge an schweren Elementen. Durch den Materiekreislauf werden die schweren Elemente über die Milchstraße verteilt. Und die Sterndichte in der Milchstraße ist sehr hoch. Das könnte ein Problem für Planeten sein. Kom-men sie einem Stern zu nahe, können die Planetenbahnen möglicherweise destabilisiert werden. Die Metallizität im Inneren der Milchstraße ist aber sehr hoch, weil da schon sehr viele Sterne entstanden oder explodiert sind. Sie wissen schon, diese blauen ... nicht die roten Dinger, die den Löwenanteil der Sternenpopulation stellen. Diese Winzlinge behalten alles bei sich. Unter den Sternen geht es zu wie im richtigen Leben, es gibt nur wenige Großzügige. Das heißt, im Inneren der Milchstraße haben wir eine hohe Metallizität und eine hohe Sterndichte. Das ist schlecht für die habitablen, sprich bewohnbaren Planeten.

Weiter draußen in der galaktischen Scheibe sind wir im sogenannten galaktischen Wulst. Wulst, das Wort könnte ich jetzt 100-mal sagen, es wird viel zu selten benutzt. Wulst. Im Englischen heißt es »walsh« und wurde von einem deutschen Astronomen mit »Wulst« übersetzt. Der galaktische Wulst. Dann kommt die galaktische Scheibe. In der galaktischen Scheibe lässt die Metallizität ein bisschen nach. Noch wichtiger, auch die Sternendichte lässt nach. Das ist einerseits nicht schlecht, aber andererseits gibt es ganz weit draußen nicht mehr genügend Metalle. Soweit wir wissen, bilden sich Planeten nur um Sterne, deren Metallizität so hoch ist wie die unserer Sonne. Sie ist 4,57 Milliarden Jahre alt und lange nach der Milchstraße entstanden. Da hatte die Milchstraße schon neun Milliarden Jahre auf dem Buckel. Das Universum hat also viel Zeit ohne unser Sonnensystem verbracht. Genauso wie der Planet Erde viel Zeit ohne uns verbracht hat. Das kann man sich als anthropozentrischer Homo sapiens gar nicht vorstellen.

Wir wiederholen, Planeten gibt es nur um Sterne, deren Metallizität – sprich Anteil an schweren Elementen – hoch ist. Die ersten Sterne im Universum hatten überhaupt keine Metalle. Nur ein bisschen zu vernachlässigendes Lithium, Beryllium und Bohr. Erst die nächste Sternengeneration wies schwere Elemente auf. Ihr Anteil wurde immer größer. Immer mehr Sterne bevölkerten die Milchstraße, explodierten und verfrachteten so immer mehr schwere Elemente ins Universum. Wow! So können wir eine galaktische, habitable Zone definieren. Innendrin finden sich genügend schwere Elemente, um Planeten mit festem Boden zu zimmern. Weil aber die Sternendichte hier zu hoch ist, besteht die Gefahr, dass ein Planet auf einer ordentlichen Kreisbahn durch vorbeifliegende Sterne zerrissen oder zumindest gestört wird. In der ruhigeren Gegend der galaktischen Scheibe haben wir aber viel zu wenig schwere Elemente. In der galaktischen habitablen Zone ist alles gut. Genügend schwere Elemente, und die Sterne sind weit genug voneinander entfernt.

Übrigens, was ich Ihnen gerade vorstelle, dass es davon abhängig ist, wie viel schwere Elemente ein Stern hat und wo er in der Milchstraße überhaupt steht, nennt man die sogenannte These von den »Seltenen Erden«. Sie wissen, die Seltenen Erden sind heute fest in chinesischer Hand. Wenn man die Wirtschaftszeitung so liest, handelt es sich dabei um eine bestimmte Verteilung von Elementen innerhalb des Periodensystems. Diese Spielchen werden immer gern in den Naturwissenschaften gespielt. Man entleiht Namen aus einem ganz anderen Zusammenhang. Hier heißt es tatsächlich »seltene Erden« im Sinne von »ein Planet wie unsere Erde ist recht selten in der Milchstraße, weil so viele Bedingungen zu erfüllen sind«. Die »Rare-Earth-Hypothese« ist heutzutage tatsächlich eine Art von Standardmodell für die Suche nach Planeten in der Milchstraße geworden.

Nächster Schritt. Wie könnte nun unser Sonnensystem entstanden sein? Jetzt wird es für einen winzigen Moment philosophisch, gibt es doch ein großes Problem bei den sogenannten »historischen Vorgängen«. Niemand ist dabei gewesen. Das Schlimmste für einen Historiker – habe ich einmal gehört – sei der Zeitzeuge. Für uns Astrophysiker ist der kein Problem. Bei uns war sicher keiner dabei.

Die Rare-Earth-Hypothese (engl. »Seltene-Erde-Hypothese«) besagt, dass es einer vergleichsweise unwahrscheinlichen Konstellation vor allem astrophysikalischer und geologischer Bedingungen bedurfte, damit komplexe vielzellige Lebewesen auf der Erde entstehen und sich zu unserer heutigen Lebenswelt entwickeln konnten. Das legendäre von der Crew von Apollo 17 aufgenommene Bild trägt den Namen »Blue Marble«, »Blaue Murmel«.

Historische Abläufe sind in der Wissenschaft mit das Interessanteste, was es überhaupt gibt. Die klassische Frage lautet, »Wie ist das gewesen?« »Wie ist das entstanden?«

Diese Fragen treiben uns unglaublich um. Ich zumindest bin ein wahrer Geschichtsfreak. Lange Zeit hatte ich überlegt, ob ich anstelle von Physik nicht doch lieber Geschichte studieren sollte. Vielleicht haben Sie das schon bemerkt, ich erzähle die ganze Zeit die Geschichte der Natur.

Das Problem ist, dass physikalische Ergebnisse reproduzierbar und geschichtslos sein müssen. Das ist bei historischen Abläufen natürlich nicht einzuhalten. Sie sind nicht wiederholbar. Das ist vorbei. Im Gegenteil, es könnte sogar sein, dass meine eigene Existenz vom Ablauf dieses historischen Prozesses abhängt. Das heißt, wir stellen an diese Form von Theorien andere Bedingungen als an physikalische Theorien.

Physikalische Theorien sollten unter allen Bedingungen testbar sein. Empirische Hypothesen müssen an der Erfahrung scheitern können. Wir müssen Experimente oder Beobachtungen machen können, die die Vorhersage dieser Hypothesen bestätigen oder widerlegen. Dagegen kommt es uns bei historischen Abläufen weniger auf das sogenannte Prognosepotenzial an – ein schönes Wort, viele »O's«. (Da gab es doch früher ein russisches Eiskunstlaufpaar, Protopopow. Prognosepotenzial – wunderbar.) Bei den historischen Abläufen kommt es auf die Erklärungsstärke an. Kann eine Theorie plausibel möglichst viel erklären? Hat man dann noch sogenannte objektive einbaubare Kriterien wie zum Beispiel Altersbestimmungen durch radioaktiven Zerfall, wird so ein Modell immer stärker.

Also, dann ran an die Frage, wie unser Sonnensystem als eines von vielen Planetensystemen in der Milchstraße entstanden ist. Anhand von bestimmten Bauteilen, von denen wir annehmen, dass sie Überreste aus der Geburtsphase des Sonnensystems sind, können wir Aussagen zum Alter machen. Dabei hilft die Quantenmechanik. Ohne die geht es nicht so elegant. Begibt man sich auf die atomare, die nukleare Ebene, landet man automatisch in der Quantenmechanik. In unserem speziellen Fall ist es die Geschichte vom radioaktiven Zerfall.

Man nehme eine Menge von Material und messe, ob da irgendwie Alpha-, Beta- oder irgendwelche Strahlung rauskommt und schaue sich die Zerfallsreihen an. Wir wissen inzwischen ziemlich genau, dass zu jedem radioaktiven Element ein wunderschöner Prozess gehört, nämlich der radioaktive Zerfall mit einer verlässlichen Halbwertszeit. Diese gibt an, wann die Hälfte

Der dritte Planet, beschützt vom großen Jupiter, zur Ruhe gebracht durch seinen Mond und in idealer Entfernung zur Sonne.

BILDNACHWEIS: © IAU / A:Barmettler

des vorhandenen radioaktiven Materials zerfallen sein wird, mehr nicht. Statistisch wohlgemerkt.

Legen Sie jetzt zum Beispiel einen Uran-Atomkern vor sich hin – nehmen wir an, Sie könnten ihn vor sich hinlegen und beobachten – können Sie nicht vorhersagen, wann das Ding zerfällt. Er wird weder krumpelig oder schrumpft oder zischt. Nichts davon. Er zerfällt einfach. Das ist blanker Zufall, quantenmechanischer Zufall, wirklich. Es sind Schwankungen innerhalb des Kerns, die irgendwann mal durchschlagen. Das war's. Es ist ein völlig unvorhersehbarer Prozess. Einzeln betrachtet. Statistisch ist er bestens determiniert, wirklich festgenagelt.

Nehmen wir C14, ein Kohlenstoffisotop, das zwei zusätzliche Neutronen hat. C14 zerfällt nach einer bestimmten Zeit und das wirklich extrem präzise. Zum Beispiel wird es gern in der Paläontologie und Anthropologie genutzt, um die Geschichte des Menschen in den wissenschaftlichen Griff zu bekommen. Die Ägyptologen bestimmen damit das Alter von Mumien. Früher schaute man, welche Ringe der Verblichene an den Fingerknochen trug, um zu wissen ob es sich um Ramses VII. oder Tutanchamun handelte. Heute schabt man einfach ein Stück von seinem linken, kleinen Fußnagel ab und weiß sofort, es ist weder der eine noch der andere. Es ist Thutmosis IV. Tja, dumm gelaufen. Immer mehr historische Wissenschaften bedienen sich inzwischen der physikalischen Altersbestimmung.

So wissen wir heute auch, unser Sonnensystem ist 4,57 Milliarden Jahre alt. Plus, minus, drei Millionen Jahre rauf oder runter. So genau kann man inzwischen das Alter unseres Sonnensystems festlegen. Aus Messungen. Und auch aus der Zusammensetzung der Urbausteine unseres Sonnensystems, den sogenannten »Meteoriten«. Vor allen Dingen von einer besonderen Form von Meteoriten, den – ein wunderbares englisches Wort – »Carbonaceous Chondrites«, also auf Deutsch »kohlige Chondrite«. Es ist eines meiner Lieblingswörter in meinen Vorträgen. Prognosepotenzial und eben Carbonaceous Chondrites.

Aus der Zusammensetzung dieser kohligen Chondrite lässt sich eine bestimmte Entwicklung ablesen. Ungefähr 750.000 Jahre bevor unser Sonnensystem aus einer dichten Gaswolke entstanden ist, muss ein Brocken von 15 bis 20 Sonnenmassen explodiert sein. Denn die chemische Zusammensetzung beziehungsweise die physikalische Zusammensetzung der radioaktiven Elemente, die man in diesen Meteoriten findet, deutet ganz klar darauf hin, dass es einen Prozess gegeben hat, in dem Magnesium zu Aluminium zerfallen ist. Das ergibt eine Halbwertszeit von 750.000 Jahren.

Heute weiß man, nicht nur diese eine Sternenexplosion hat dazu geführt, dass in der Wolke, aus der später das Sonnensystem wurde, genügend schwere Elemente waren, sondern es gab gleich zwei große Explosionen kurz davor.

Ungefähr 85 Proezent aller schweren Elemente stammen aus diesem Ereignis. Unsere Atome haben sich also schon mal irgendwo gesehen. Vielleicht erklärt das, dass einem jemand so bekannt vorkommt. Ich kenne Sie doch von irgendwoher!

Mit diesen objektiven, physikalischen Messmethoden können wir die Historie unseres Sonnensystems rekonstruieren. Wir wissen, ordentliche Planeten bilden sich nur in scheibenartigen Gebilden um den Stern herum. Eine Gaswolke, die unter ihrem eigenen Gewicht zusammenfällt, produziert viele Sterne. Viele dieser Sterne sammeln Material aus der Umgebung. Dieses Material fällt nicht radial, sondern spiraliert um den Stern herum, es bildet sich eine Scheibe. Diese Gas-Staub-Scheibe wird am Anfang sehr heiß, kühlt dann aber ab. Damit haben wir eigentlich alles zusammen. Jetzt passiert innerhalb dieser Gasscheibe genau das, was wir schon einmal hatten.

Sie erinnern sich an den Anfang des Universums? Dichteschwankungen hatten dazu geführt, dass es sich strukturierte.

Jetzt finden wir diesen Prozess zum zweiten Mal innerhalb von Gaswolken. Fluktuationen innerhalb der Gaswolke ließen viele Sterne entstehen.

Jetzt gehen wir noch Tausende Lichtjahre weiter zurück zu Gebilden, die nur noch Lichtstunden groß sind. Und was finden wir in diesen Lichtstunden großen Scheiben? Gasfluktuationen. Und was wird passieren, wenn die Dichte an einer Stelle in dieser Gasscheibe dichter ist? Es verdichtet sich weiter. So sind die Gasplaneten entstanden.

Der größte Gasplanet in unserem Sonnensystem heißt Jupiter, 318-mal so schwer wie die Erde. Wenn der noch ein bisschen zugelegt hätte, wäre er eine eigene Sonne geworden. Hat sich aber irgendwie nicht ergeben. Im Übrigen ist der Gasgigant fünfmal so weit von der Sonne entfernt wie die Erde. Er könnte aber auch woanders sein. Wie wir von anderen planetaren Systemen wissen, können solch große Planeten viel näher an ihren Stern heranrücken.

Der Gasriese Jupiter ist mit 318 Erdenmassen und einem Äquatordurchmesser von 143.000 Kilometern der größte Planet unseres Sonnensystems.

BILDNACHWEIS: NASA, ESA, Michael Wong (Space Telescope Science Institute, Baltimore, MD), H. B. Hammel (Space Science Institute, Boulder, CO) and the Jupiter Impact Team

Der andere große Gasplanet in unserem Sonnensystem ist der Saturn. Er ist noch weiter von der Sonne entfernt und besteht praktisch nur aus Gas. 90 Erdmassen bringt er auf die Waage. Davon sind wahrscheinlich zehn Erdmassen in seinem Kern felsig. Die haben wohl das gesamte Gas aufgesammelt.

Der Saturn, der Herr der Ringe, ist wie der Jupiter ein Gasplanet. Mit 95 Erdmassen und einem Äquatordurchmesser von 120.500 Kilometer ist er der zweitgrößte Planet unseres Sonnensystems. Auf dem Foto ist er mit vier seiner Monde zu sehen, von links nach rechts: Enceladus, Dione, Titan, Mimas. BILDNACHWEIS: NASA, ESA and the Hubble Heritage Team (STScI/AURA)

Weiter draußen wandern die beiden Eisriesen, Uranus und Neptun. Und dann – das möchte ich an dieser Stelle deutlich sagen, und das meine ich jetzt wirklich völlig ernst – früher gab es da draußen einen Planeten, um den es eigentlich schade ist: Pluto. Pluto war ein Planet. Seit einigen Jahren ist er keiner mehr.

Die Internationale Astronomische Union hat, ich glaube im Jahr 2004 oder 2003 – ich habe es wieder verdrängt – Pluto zum

Zwergplaneten erklärt. Ich hätte das nicht gemacht, das sage ich Ihnen ganz ehrlich. Das hat der Planet nicht verdient. Der gibt sich Mühe, in 200 Jahren einmal um die Sonne zu kreisen, und plötzlich ist er nur noch ein Zwergplanet.

Aber zurück zum großen Ganzen. Die großen Gasplaneten entstanden durch Verdichtungen in der Gasscheibe. Jupiter, Saturn, Uranus und Neptun.

Weiter innen die Felsenplaneten. Die müssen ganz anders entstanden sein. In der Tat gibt es viele Hinweise darauf, dass diese Planeten durch den Zusammenstoß von Felsbrocken zu dem geworden sind, wie wir sie heute sehen. Der erste wesentliche Hinweis darauf, dass das so gewesen sein muss, ist eine gigantische Energiequelle im Kern. Das führt an ihren oberen Schichten zu Konvektionsströmungen. Wo kommt diese Energie her? Das geschieht naheliegend, wenn Material zusammenstößt und sich dabei so erhitzt, dass es aufschmilzt. Im Erdkörper ist noch so viel Energie gespeichert, dass selbst 4,56 Milliarden Jahre nach der Entstehung immer noch Lithosphärenplatten an seiner Oberfläche herumtreiben. Das funktioniert nur durch den Einschlag von sehr, sehr schweren Körpern mit sehr hoher Temperatur.

Bei diesem wilden Karambolage-Spiel spielt natürlich eine uns bekannte Kraft eine wichtige Rolle. Sie erinnern sich: Die Gravitation. Sie ist immer anziehend. Immer mehr Material hat sich so auf die immer größer werdenden Brocken gestürzt. An dieser Stelle möchte ich auf ein wirklich hochinteressantes und bisher ungelöstes wissenschaftliches Problem hinweisen: Angenommen wir schießen zwei Staubkörnchen aufeinander. Die bleiben vielleicht aneinander hängen, weil das eine Fusseln hat. Dann kommt noch ein Staubkorn dazu. Das Ganze wird größer und zieht immer stärker weitere kleine Staubkörner an. Das Ding wird schwerer und legt deswegen auch mit der Gravitation zu. Das leuchtet ein. Jetzt stellen Sie sich aber mal vor, man würde

Staubkörner von der Größe einer Billardkugel aufeinanderschießen. Glauben Sie, die würden aneinanderkleben? Die würden in tausend Stücke zerspringen.

Das kann man dadurch beheben, dass man solche Objekte mit Wasser umgibt, damit die aneinander hängenbleiben. Wir haben aber trotzdem ein astrophysikalisches Problem, das man »das Eigenheimproblem« nennt. Wenn nämlich Felsbrocken in der Größe von einem Eigenheim mit Geschwindigkeiten, wie sie in den Gasscheiben vorherrschen, aufeinanderstoßen, dann zerplatzen die immer. In Computersimulationen zum Beispiel müssen wir auf diese Dinger eine Art künstliche Klebrigkeit aufbringen, damit sie zusammenbleiben und eine »Doppelhaushälfte« bilden. Aber diese Eigenheimgrenze zu überspringen, stellt ein echtes physikalisches Problem dar. Wir wissen nicht, wie das die Felsenplaneten geschafft haben. Das nur am Rande.

Heutzutage gibt es verschiedene Theorien über die Entstehung des Sonnensystems. Fangen wir mit »The jumping Neptun«, »dem springenden Neptun« an.

Bei der Entwicklung des Sonnensystems stellen sich gleich mehrere Probleme in den Weg, die wir überhaupt nicht verstehen. Das eine ist, alle Planeten haben eine Rotationsachse, die einigermaßen senkrecht zur Scheibe steht. Das heißt, sie drehen sich alle und ihre Achse steht ein bisschen geneigt, aber im Wesentlichen senkrecht zur Scheibe. Nur die Rotationsachse des Uranus liegt horizontal in der Scheibe. Er dreht sich so, dass sein Nordpol immer zur Sonne hingerichtet ist. Wie kommt das? Nobody knows. Keiner weiß es.

Dann haben wir im Außenbezirk des Sonnensystems gleich ein weiteres Problem. Hier gibt es viel zu wenig Zwergplaneten von der Sorte des Pluto. Man hatte viel mehr erwartet. Wir verstehen auch nicht, worauf die vielen Einschläge zurückzuführen sind, die den Trabanten unserer Erde so zerfurcht haben.

Der Mond ist ein Archiv für die ersten 500 Millionen Jahre der Entwicklung des Sonnensystems, denn seine Oberfläche ist eine Kraterlandschaft, total bombardiert. Keiner weiß so recht, was die Ursache dieses sogenannten »späten Bombardements« war.

Vor sieben, acht Jahren hat man sich ein Modell überlegt. Das muss ich Ihnen kurz vorstellen, es ist großartig. Stellen Sie sich Folgendes vor: Früher war alles anders. Nicht besser, aber anders. Wir haben außerhalb der Neptunbahn – die übrigens in unserem frühen Zeitfenster noch keine Neptunbahn ist, momentan noch nicht – eine riesige Trümmerwolke von 20 bis 30 Erdmassen, also Brocken in der Größe von Pluto, mal kleiner mal ein bisschen größer. Dieser wilde Haufen saust um das Sonnensystem. Bisher haben wir den Jupiter, Saturn und Neptun und dann den Uranus in dieser Wolke. Ich will nur noch mal darauf hinweisen, der Neptun ist noch innerhalb der Uranus-Bahn. Jetzt geraten Neptun und diese Trümmerwüste in Resonanz. Das hat man im Computer simuliert. Resonanz heißt, ein Körper hat eine bestimmte Umlaufzeit auf seiner Bahn, in der er zum Beispiel zweimal um die Sonne herum kreist, während ein anderer das in derselben Zeit nur einmal macht. Das nennt man dann 2:1-Resonanz. So gibt es 3:2-Resonanzen, 5:4-Resonanzen und so weiter. Pythagoras lässt grüßen. Immer in ganzen Einheiten, eine kosmische Harmonie besonderer Art.

In den Computersimulationen stellt sich heraus, dass Saturn und Neptun mit diesem äußeren Gesteinshaufen so heftig in Resonanz geraten, dass sich Neptun dabei mit viel kinetischer Energie auflädt. Dazu macht er Folgendes: Er überspringt den Uranus. Dessen Rotationsachse kippt um, knallt in den Trümmerschwarm und verteilt alle größeren Zwergplaneten in diesem Bereich. Zugleich werden die kleineren Objekte ins Innere des Sonnensystems gejagt. Das erklärt das späte Bombardement unseres Mondes. Und das Allertollste, bei diesen Computersimulationen ergaben sich fast kreisrunde Neptun-Bahnen. Das ist die Geschichte, die uns diese historischen Modelle erzählen.

Eine andere Geschichte ist die Entstehung des Erd-Mondes. Auf die Urerde schlug ein Brocken ein, der ungefähr doppelt so schwer gewesen sein muss wie der Mars. Dessen Gesteinszusammensetzung hat sich nicht viel von der Erde unterschieden, denn Mondgestein – und das wissen wir von den 400 Kilogramm, die die Apollo-Astronauten von ihren Ausflügen mitgebracht haben – ist so ähnlich wie Erdmantelgestein, aber ohne flüchtige Elemente. Der Mond ist also heiß entstanden. Jetzt kommt es, der Impaktor, der Einschläger hat die Erde nicht frontal getroffen, sondern gestreift. Die Relativgeschwindigkeiten zwischen beiden Massekörpern müssen ziemlich klein gewesen sein. Hätte es einen Frontalzusammenstoß mit vollem Karacho gegeben, wäre die Erde zerstört worden. Das bedeutet, dass wir es am Anfang mit einem Doppelplanetensystem zu tun hatten. Der Impaktor wurde von der Urerde zerrieben.

Bis vor Kurzem dachten wir, es wäre nur ein Mond entstanden. Jetzt wissen wir, dass in einem Ring von 30 bis 40 Tausend Kilometer zwei Monde existiert haben. Einer der beiden rieb sich an dem größeren und legte sich wie ein Pfannkuchen auf dessen Rückseite. Deswegen sieht die Rückseite des Mondes völlig anders aus als die Vorderseite. Das kann man im Computer wunderbar simulieren, wirklich großartig.

Sie wissen ja, dass sich eine Reihe von Leuten mit »der dunklen Seite des Mondes« beschäftigt haben, Pink Floyd – Dark Side of the Moon – und andere, die wirklich hingeflogen sind, sogar öfter. Die Russen lieferten die ersten Bilder von der Rückseite des Mondes. Und tatsächlich, diese sieht ganz anders aus als die für uns sichtbare Vorderseite.

Als ich von diesem Modell – namentlich das Neptun-Modell – zum ersten Mal im Seminar gehört habe, dachte ich, das ist doch

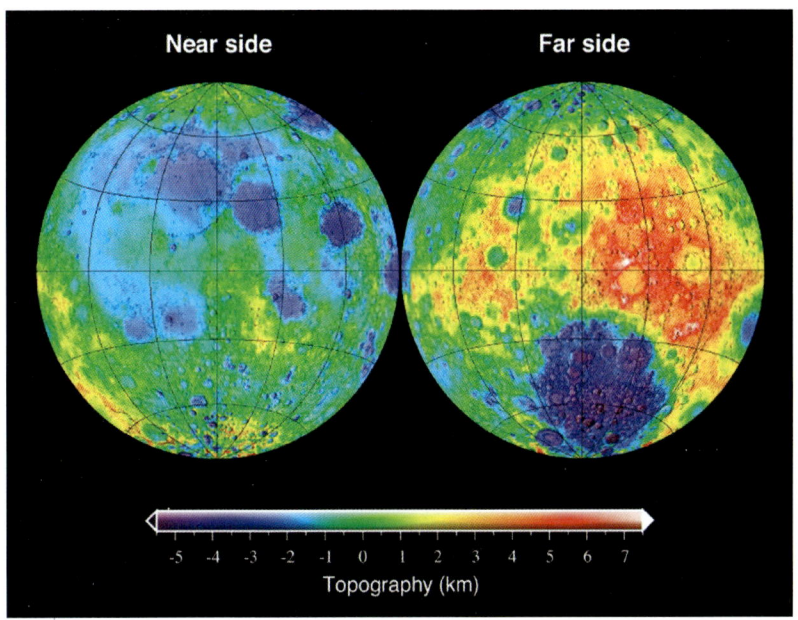

MOND VORDER-UND RÜCKSEITE: Die Topografie der erdnahen (links) und der erdfernen Mondseite. BILDNACHWEIS: Mark A. Wieczorek, wikimedia, gemeinfrei

Quatsch! Der Neptun springt über den Uranus ... So ein Blödsinn! Tja, bis man diese Simulationen selbst macht und feststellt, Mhmm ... Vor allen Dingen, wenn man gewisse Anfangsbedingungen verändert und trotzdem immer wieder das Gleiche rauskommt. Nach einer Weile schleicht sich ein gutes Gefühl für diese sogenannte Stochastik, also für die Wahrscheinlichkeit ein. Ein Prozess ist eben wahrscheinlich oder eher unwahrscheinlich.

Wenn man einen Bleistift auf die Spitze stellt und erwartet, dass er stehen bleibt, ist das ziemlich blöd. Das wäre ein total instabiler Prozess. Aber ein Ablauf, der selbst bei vielen Varianten und Wiederholungen immer das gleiche Ergebnis liefert, macht den Eindruck, dass man dem vertrauen darf.

Aussagen über Neptun, den Mond und die Planeten lassen sich heute mithilfe von Sonden direkt nachmessen. Wie mit der Sonde Dawn, die 2011–2012 den Asteroiden Ceres anflog.

Ceres ist mit einem mittleren Äquatordurchmesser von 963 km der kleinste bekannte Zwergplanet und das größte Objekt im Asteroidengürtel.

BILDNACHWEIS: CWitte, NASA, Luc Viatour, wikimedia gemeinfrei

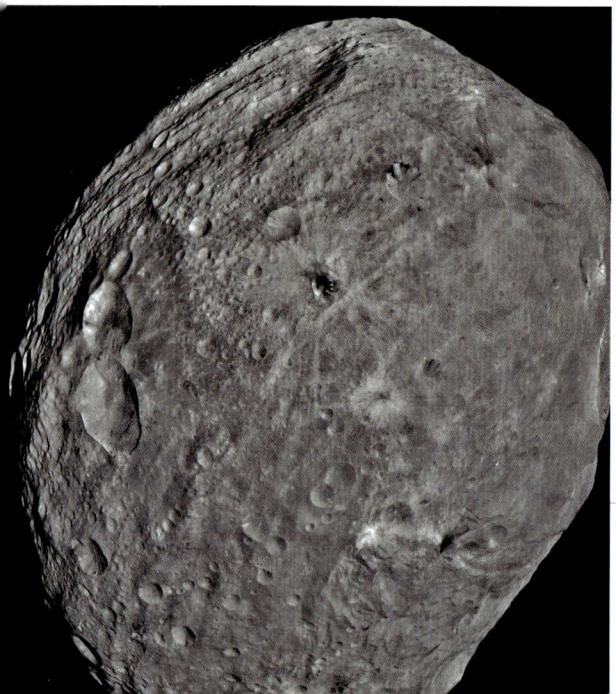

Vesta ist mit etwa 516 Kilometer mittlerem Durchmesser der zweitgrößte Asteroid und drittgrößte Himmelskörper im Asteroiden-Hauptgürtel, der an Masse nur vom Zwergplaneten Ceres übertroffen wird. Vesta ist der einzige bekannte Protoplanet aus der Entstehungszeit des Sonnensystems.

BILDANCHWEIS: NASA/JPL-Caltech/UCLA/MPS/DLR/IDA

Auch der kleinste Kleinplanet Vesta wurde angeflogen und umkreist. Die Bilder von Dawn können Sie googeln. Ich kann Ihnen überhaupt nur empfehlen, APOD zu schauen, »Astronomical picture of the day«, (www.apod.nasa.gov). Das ist die ultimative Astronomie-Seite, wenn Sie sich für irgendwas in der Astronomie interessieren. APOD ist das ultimative Archiv für astronomische Informationen. Alle Astronomen dieser Welt speisen dort ihre Informationen ein. Glauben Sie keiner anderen Quelle. Nur denen. Da kann man zum Beispiel Bilder von Vesta finden. Darauf sieht man, dass der gesamte Südteil ein einziger Krater ist. Das heißt, da muss mal einer auf der falschen Fahrbahn gewesen sein.

Interessant ist auch der Vergleich der Süd- mit der Nordhalbkugel des Mars. Auch da deutet alles darauf hin, dass er nicht allein entstanden ist, sondern einen Begleiter hatte, der sich an ihm zerrieb. Dieses Zerreiben führt dazu, dass das Gestein flüssig wird und sich wie ein Pfannkuchenteig auf den Planeten legt.

Weiße Wolken aus gefrorenem Wasser, Sandstürme, die orangenen Staub aufwirbeln. Das Bild von unserem roten Nachbarn wurde vom Hubble-Teleskop aufgenommen.

BILDNACHWEIS: NASA/ESA and The Hubble Heritage Team STScI/AURA

Unser Sonnensystem ist jetzt so weit komplett. Alle Mitspieler des großen Dramas sind auf der Bühne. Von der Sonne war schon die Rede, nur ihre Begleiter, die innersten Planeten habe ich noch nicht vorgestellt. Merkur, der arme Kerl. Was will man da sagen? Er ist einfach zu nah dran.

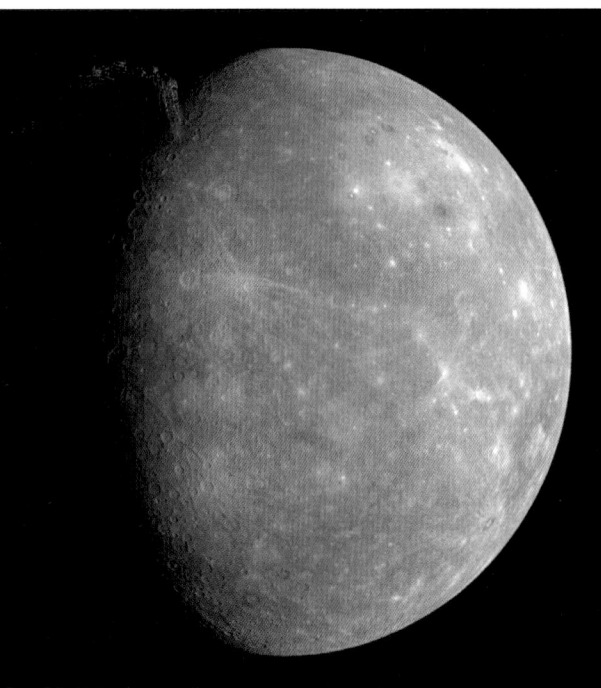

Der Merkur ist mit einem Durchmesser von knapp 4880 Kilometern der kleinste und mit einer durchschnittlichen Sonnenentfernung von etwa 58 Millionen Kilometern der sonnennächste und auch schnellste Planet im Sonnensystem. Mit einer maximalen Tagestemperatur von rund +430 °C und einer Nachttemperatur bis zu −170 °C hat der Merkur die größten Temperaturschwankungen aller Planeten.

BILDNACHWEIS: NASA/Johns Hopkins University Applied Physics Laboratory/Carnegie Institution of Washington

Aus der Venus hätte was werden können, hat sich aber nicht ergeben. Von ihr dachte man ja lange Zeit, es könnte ein Plätzchen sein, wo Venusianer und Venusianerinnen ihr Unwesen treiben. Der Planet der Liebe, immer verdeckt durch eine dichte Wolkenschicht. Dann schauten die Russen Anfang der 1960er-Jahre vorbei und ließen eine Sonde auf der Oberfläche zerschellen. Es war das Ende der Romantik. Die Daten waren ernüchternd: 450 Grad Celsius, 90 Atmosphären Druck. Da kommt keine Freude auf.

Ein Radarbild, montiert aus den Daten der Magellan-Sonde zwischen 1990 und 1994.

So sieht die Oberfläche der Venus aus, die sich unter einer dichten, heißen Wolkendecke für das normale Auge verbirgt.

BILDNACHWEIS: NASA

Dann »Blue Marble« (siehe Seite 100), der Dritte im Bunde der inneren Felsplaneten. Hätte das Universum den Superplaneten gesucht, wäre die Erde garantiert in die Endausscheidung gekommen. Das könnte ein Grund für den Besuch von Außerirdischen sein. Das Reisebüro am Rande der Milchstraße hat uns längst im Katalog, weil unser Planet einen Trabanten hat, der das Zentralgestirn immer mal wieder perfekt verdeckt, sodass eine totale Sonnenfinsternis zu sehen ist. Gerade so, dass der Rand der Sonne noch zu erkennen ist. Deshalb reist man gern aus allen Bereichen des Universums zu diesem Planeten.

Vor einigen Jahrmillionen war der Trabant so nah am Planeten, dass jede Finsternis total war. In einigen Millionen Jahren wird der Mond allerdings so weit entfernt sein, dass es höchstens eine Ringfinsternis geben wird. Genau jetzt ist die Zeit, in der die Projektion exakt die Sternscheibe verdecken kann. Das hat man im Universum auf dem Schirm. Sollten Sie mal Außerirdische treffen, sind das bestimmt Touristen. Die wollen dann sicher wissen, wo es zur nächsten Sonnenfinsternis geht. Und dann machen Sie Ihre App an: »Du sprechen Apple, hier gucken!«. Wer weiß.

Weihnachten! Alle Jahre wieder. Und vom Himmel her ... Kennen Sie?

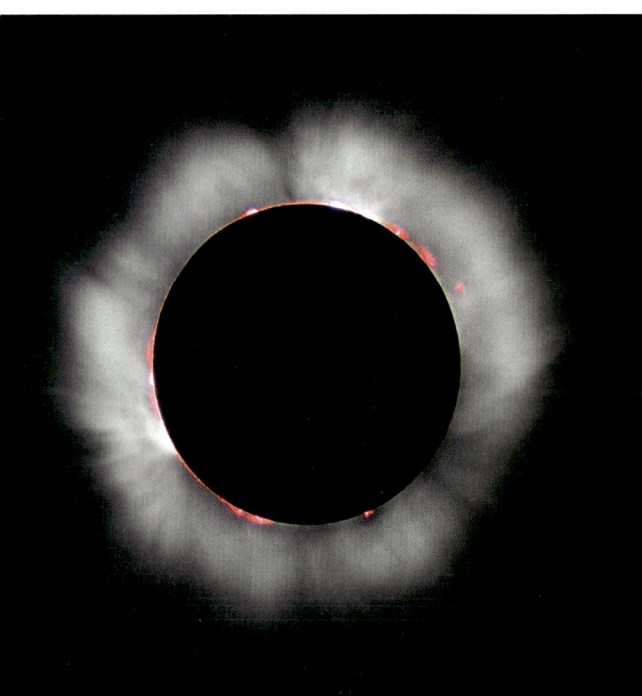

Sonnen-Korona bei der Sonnenfinsternis vom 11. August 1999

BILDNACHWEIS: Luc Viatour

116

Ich skizziere die Geschichte des Sterns von Bethlehem. Das geht ganz schnell: Uranus, Jupiter, Konjunktion, Sternzeichen der Fische. Im Jahr 7 vor Christus gab es das dreimal. Die drei Jungs aus Mesopotamien zogen wahrscheinlich jetzt mit ihren Kamelen los. In Jerusalem angekommen haben sie sich nach dem neuen König erkundigt. Bethlehem! Nix wie hin zum Stall!! Das kann man natürlich viel schöner erzählen, mach ich jetzt aber nicht.

Das Bemerkenswerte an der Geschichte ist, dass 1603 ein Herr namens Kepler, Vorname Johannes, auch genau diese Konjunktion am Himmel beobachtet. Das halte ich für höchst bemerkenswert, um nicht zu sagen staunenswert. Kepler hat dann die Bewegungen der Planeten am Himmel zurückgerechnet. Dazu gehört nicht nur das Vertrauen in seine mathematischen Fähigkeiten, sondern auch das Vertrauen in die Stabilität des Sonnensystems. Es hätte ja auch inzwischen irgendetwas ganz anderes sein können. Nein! Kepler war fest davon überzeugt, dass die kosmische Harmonie glückselig ewig ist und die Planetenpositionen in der Zeit zurückzurechnen sind.

So fand er heraus, dass es im Jahr 7 vor unserer Zeitrechnung drei Konjunktionen gab. Eine davon zum Fest Jom Kippur, was möglicherweise die israelischen Astrologen aus Mesopotamien besonders beunruhigt hatte. Mein Gott, das ist ja ein Zeichen von oben! Es ist der höchste Feiertag für die Juden.

Das wirklich Erstaunliche ist die unglaubliche Stabilität des Sonnensystems. Was Kepler intuitiv ahnte, finden wir heute an allen Ecken und Enden bestätigt. Diese anfänglichen Zappeleien des springenden Jupiters und umtriebigen Neptuns samt irgendwelcher einschlagenden Impaktoren, Doppelmonde und andere Monde und was da noch so alles am Anfang passierte … Das waren sozusagen die jungen, wilden Jahre des Sonnensystems. Seit dieser Zeit ist wirklich nichts mehr in dieser Region der Milchstraße passiert. Nichts. Die Planeten bewegen sich auf fast kreisrunden Bahnen, genauer Ellipsen. Es bedurfte eines Keplers, um das herauszufinden. Wenn Sie diese Bahnen auf ein Blatt Papier malen, werden Sie mit bloßem Auge nie sagen, dass es Ellipsen sind. Das ist ein Kreis, und was für einer! Auch für Kopernikus waren es noch Kreise. Erst Kepler merkte, dass es keine kreisrunden Bahnen sind.

JOHANNES KEPLER (1571–1630) war ein deutscher Naturphilosoph, Mathematiker, Astronom, Astrologe, Optiker und evangelischer Theologe. Kepler entdeckte die Gesetzmäßigkeiten, nach denen sich Planeten um die Sonne bewegen. Nach ihm werden sie Keplersche Gesetze genannt:

1. Keplersches Gesetz
Die Planeten bewegen sich auf elliptischen Bahnen, in deren einem Brennpunkt die Sonne steht.

2. Keplersches Gesetz
Ein von der Sonne zum Planeten gezogener Fahrstrahl überstreicht in gleichen Zeiten gleich große Flächen.

3. Keplersches Gesetz
Die Quadrate der Umlaufzeiten zweier Planeten verhalten sich wie die Kuben der großen Bahnhalbachsen.

Keplers Entdeckung der drei Planetengesetze machte aus dem mittelalterlichen Weltbild, in dem körperlose Wesen die Planeten einschließlich Sonne in stetiger Bewegung hielten, ein dynamisches System, in dem die Sonne durch Fernwirkung die Planeten aktiv beeinflusst.

Wie fundamental diese Erkenntnis war, hat später Isaac Newton bemerkt. Er konnte mit seinem Gravitationsgesetz tatsächlich belegen, was Kollege Kepler mehr intuitiv als mathematisch richtig berechnet hatte. Heute können wir uns bei der Erforschung des Sonnensystems, unserer unmittelbaren galaktischen Heimat, des Eindrucks nicht erwehren, dass es uns auf ein ganz besonderes Plätzchen verschlagen hat. Wir sind beileibe nicht der kosmische Normalfall. Wir leben in der langweiligsten Ecke der Milchstraße und kreisen um einen Stern herum, der in seiner Durchschnittlichkeit kaum noch zu überbieten ist. Allerdings mit Eigenschaften, die diesen Stern auszeichnen.

Sie erinnern sich? Die Nähe zu Spiralarmen. Das bedeutet hohe Dichte, Sternentstehungsgebiet, Supernovae, ganz schlecht. Also möglichst weit weg vom Spiralarm und da auch bleiben. Nicht näher kommen. Das haben wir offenbar über den Zeitraum der letzten 220 Rotationen ganz gut hingekriegt.

Wir sehen heute alle möglichen astronomischen Effekte, in den Bäumen – Dendrochronologen können das – in Gesteinen – Geologen können das, sogar in den Tiefengesteinen. Wir sehen die Erhöhung der natürlichen Radioaktivität durch Supernovae. Wir können sie inzwischen so genau messen, dass wir alle historischen Supernovae dokumentiert haben. Es ist nie etwas Dramatisches passiert. Gut, vor 65 Millionen Jahren hat es heftig heftig gerummst. Das war wahrscheinlich ein Ausrutscher. Doch für das große Ganze leben wir hier in absolut paradiesischen Umständen, in einem kosmischen Hinterhof, in dem nichts passiert. Das garantiert die Stabilität des Sonnensystems und schafft die Voraussetzung für die Entwicklung eines neuen Phänomens, um das es uns gleich gehen wird.

Wir haben jetzt unsere kosmische Kulisse so weit abgeklopft, dass wir uns das schwierigste Problem vornehmen können, das ich naturwissenschaftlich kenne. Das ist die Frage, wie ist auf dem Planeten Leben entstanden? Vom warum will ich gar nicht reden. Warum weiß kein Mensch, aber wie, wie könnte das passiert sein? Ich werde Ihnen die Geschichte des Lebens auf unserem Planeten erzählen.

Vorab, Sie erinnern sich noch? Eines der Indizien dafür, dass die Felsenplaneten durch den Einschlag von Materiebrocken entstanden sind, ist die innere Wärmequelle unserer Erde. Sie führt dazu, dass sich an ihrer Oberfläche Lithosphärenplatten bewegen. Ich will Ihnen nur noch einmal kurz in Erinnerung bringen, wie das alles zusammenhängt. Ich halte das für eine ganz wichtige, kosmische, kleine Geschichte. Die Wärme der Erde hat viel damit zu tun, dass der damalige Impaktor einen Eisenkern besaß, der ins Innere der Erde absank. Er hat die Wärme mit nach innen genommen. Weil die Erde heute noch Wärme hat, bewegen sich seit Jahrmilliarden die Lithosphärenplatten.

Denken wir doch einmal ganz europäisch. Reden wir nicht gleich von der Entstehung des Menschen. Vor drei Millionen Jahren – wie immer verdanken wir alles den Amerikanern – stießen die amerikanischen Kontinente bei Panama zusammen. Sie wussten nicht, dass einige Millionen Jahre später jemand versuchen würde, sie auseinanderzureißen, um da einen Kanal hineinzugraben. Sie stießen also zusammen. Bis dahin war das warme Wasser auf unserem Planeten vom Atlantik in den Pazifik geströmt. Plötzlich war der Durchlass versperrt. Das warme Wasser war es gewohnt, einfach nur um den Äquator herumzufließen. Es bewegte sich jetzt in Richtung Norden. Das musste es notgedrungen, weil ständig neues Wasser nachdrängte. Es floss in Gebiete, die nie zuvor ein Wassermolekül aus der Karibik gesehen hatten. Grönland und Island waren teilweise zu Eis erstarrt.

Jetzt setzte der Golfstrom ein, diese unglaubliche Wärmepumpe. Er brachte zum ersten Mal so viel Feuchtigkeit in den Norden, dass dort der arktische Pol vereiste. Wasser kondensierte und fiel als Schnee. Das ist der Grund, weshalb es im hohen Norden eine Eiswüste gibt. Im Moment arbeiten wir heftig daran, das Eis irgendwie wieder wegzukriegen. Es soll ja noch Leute geben, die den von Menschen gemachten Klimawandel abstreiten. Aber auch die Unbelehrbaren schmelzen immer mehr dahin. Vor allen Dingen sorgt der Golfstrom dafür, dass es in Europa angenehm warm ist. Hinter all dem steckt die Bewegung der amerikanischen Kontinente.

Hinzu kam, dass vor 25 Millionen Jahren der wunderbare indische Subkontinent auf den eurasischen Kontinent stieß, dabei das tibetanische Hochland hochhob und das Himalaja-Gebirge auffaltete. Die Monsunströmungen veränderten sich, in Ostafrika wurde es trocken, und der Affe stieg von den Bäumen. Den Rest kennen Sie.

VOM STEIN ZUM LEBEN

Wann und warum entstand Leben auf der Erde?
Die Urerde war ganz anders als der heutige blaue
Planet. Damals war es heiß, die Atmosphäre dicht
und Vulkane explodierten täglich. Der Mond zerrte
mit seiner Schwerkraft an der Erdkruste. Ein einziges
Tohuwabohu. Genau deshalb entstand das Leben.

Was ist Leben? Kennen Sie diesen Witz: Ein katholischer
Priester, ein evangelischer Pfarrer und ein Rabbi streiten
sich über genau diese Frage. Für den katholischen Priester ist es sofort klar: Leben beginnt im Moment der Zeugung. Der evangelische Pfarrer meint, na ja, so 14 Tage, drei Wochen danach, wenn sich die Zellen einigermaßen arrangiert haben. Der Rabbi hingegen lehnt sich zurück und schmunzelt, das Leben, meine Freunde, das beginnt, wenn die Kinder aus dem Haus sind und der Hund tot ist.

Ich zitiere gern meinen Lieblingsautor Thomas Mann aus dem wunderbaren Roman »Die Bekenntnisse des Hochstaplers Felix Krull«. Es ist diese schöne Szene, in der Professor Kuckuck dem Felix alias Marquis Louis de Venosta die Welt erklärt. Ort des Geschehens ist ein stilvoller Speisewagen auf dem Weg von Paris nach Lissabon, im Film mit Paul Dahlke als Professor Kuckuck und Horst Buchholz als Felix. Felix trinkt ununterbrochen Kaffee, ist völlig außer sich, und der Dahlke erzählt ihm – also Professor Kuckuck erklärt ihm – unter anderem Folgendes:

»Während die Erde, so hatte ich den Vorzug zu hören, sich um ihre Sonne tummelt, tummeln sie und ihr Mond sich umeinander herum, wobei unser ganzes örtliches Sonnensystem sich im Rahmen einer etwas weiteren immer noch sehr örtlichen Sternenzusammengehörigkeit Bewegung macht, und zwar keine säumige, – nicht ohne dass dieses Bezugssystem wieder mit krasser Geschwindigkeit, sich innerhalb der Milchstraße tummelt, diese aber, unsere Milchstraße, in Bezug auf ihre entfernten Schwestern mit ebenfalls unausdenkbarer Schnelle dahintreibt, wo doch, zu dem allen diese fernsten materiellen Seinskomplexe so hurtig, dass der Flug eines Granatsplitters, verglichen mit ihrer Fahrt, nichts weiter als Stillstand ist, nach allen Richtungen auseinander stieben, ins Nichts, wohinein sie im Sturme Raum tragen und Zeit.

Dies Ineinander- und Umeinanderkreisen und Wirbeln, dieses Sichballen von Nebeln zu Körpern, dieses Brennen, Flammen, Erkalten, Zerplatzen, Zerstäuben, Stürzen und Jagen, erzeugt aus dem Nichts und das Nichts erweckend, das vielleicht besser, lieber vielleicht im Schlaf geblieben wäre und auf seinen Schlaf wieder wartet, – es ist das Sein, auch Natur genannt, und es ist eines überall und in allem. Zweifeln Sie nicht, dass alles Sein, dass die Natur eine geschlossene Einheit bildet, vom einfachsten leblosen Stoff bis zum lebendigsten Leben, zur Frau mit dem vollschlanken Arm und zur Hermesgestalt. Unser Menschenhirn, unser Leib und Gebein – Mosaiken sind sie derselben Elementarteilchen, aus denen Sterne und Sternstaub, die dunklen, getriebenen Dunstwolken des interstellaren Raumes bestehen. Das Leben, hervorgerufen aus dem Sein, wie dieses einst aus dem Nichts, – das Leben, diese Blüte des Seins, – es habt alle Grundstoffe mit der unbelebten Natur gemein. Nicht einen einzigen habe es aufzuweisen, der nur ihm gehört. Man kann nicht sagen, dass es sich unzweideutig gegen das blosse Sein, das Unbelebte absetzt. Die Grenze zwischen ihm und dem Unbelebten ist fliessend«[7].

Herrschaften! Das ist das große Problem, um das es jetzt gehen soll. Wie um alles in der Welt kommt – nein, nicht der Geist in die Flasche – sondern das Leben in die Materie? Wie kann es sein – auf die Spitze getrieben –, dass Quarks anfangen zu denken? Ich weiß nicht, ob Sie sich noch erinnern. Als das Universum damals entstand, also heute auf den Tag genau vor 13,7 Milliarden Jahren, wurden ja alle Teilchen gemacht, die in diesem Universum irgendwie mal ihr Unwesen treiben sollten. Unter anderem eben auch die Quarks, aus denen wir bestehen. Wir bestehen aus Up- und Down-Quarks, das sind diejenigen Teilchen, die die Nukleonen aufbauen, also Protonen und Neutronen und außen vor das Elektron. Der Rest der ganzen Elementarteilchenphysik ist für uns relativ unerheblich. Wir bestehen aus diesem Material.

Stellt man sich wirklich mal die Frage, was für ein Unterschied besteht zwischen einem Brikett – aus ich weiß nicht wie vielen Kohlenstoffatomen – und einer Pflanze aus genau so vielen

---

7   *Bekenntnisse des Hochstaplers Felix Krull,* Thomas Mann, Fischer, Frankfurt am Main, 1989

Kohlenstoffatomen, dann weiß man zumindest, das Brikett lässt sich zerschlagen und die Pflanze zerhacken, aber aus der Pflanze wird, wenn man sie schön gießt und düngt, möglicherweise etwas mehr werden. Sie wird wachsen und sich vermehren. Auf das Brikett können sie noch so viel Wasser kippen, da rührt sich nichts.

Es gibt also eine passive Form von Materie, nämlich die unbelebte und eine unglaublich aktive, belebte Form von Materie. Letztere hat auf unserem Planeten eben nicht nur so schlicht und einfach ihr Leben gelebt, sie hat auch den Planeten Erde gewaltig verwandelt. So wie wir ihn heute kennen, sah er sicher nicht aus, als das Leben auf der Erde entstand. Alles, was wir heute über die Urphase des Sonnensystems und seine Bestandteile, die Planeten wissen, deutet darauf hin, dass genau diese Bedingungen, von denen gleich noch die Rede sein wird, die Voraussetzung waren, dass Leben entstand. Heute kann kein Leben mehr entstehen, kein neues. Denn wir leben in einer Atmosphäre, die viel zu giftig ist für die Lebewesen, die vor vier Milliarden Jahren entstanden sind.

Doch fangen wir ganz langsam an. Die Felsenplaneten sind nicht dadurch entstanden, dass sie Gas ansammelten, sonst wären sie Gasplaneten wie Saturn und Jupiter, nein, bei diesen Felsenplaneten sind massive Materiebrocken aufeinandergedonnert. Dabei wurde so viel Bewegungsenergie freigesetzt, dass die Brocken verschmolzen und langsam aber sicher zu immer größeren rotglühenden Planeten anwuchsen. Einer dieser felsigen Burschen steht uns besonders nahe: Die Erde. Von ihr können wir lernen, was alles notwendig ist, damit es überhaupt zu so einem Phänomen wie Leben kommt.

Zum Beispiel hat unser Planet einen Mond. Die Erde war noch ein rotglühender Ball ohne Wasser. Es war auch keines in Sicht. Dazu müssen ganz bestimmte Voraussetzungen gegeben sein. Um Sterne herum gibt es eine habitable, also bewohnbare Zone, in der Wasser unter einigermaßen normalen atmosphärischen Bedingungen flüssig ist. Ist der umkreisende Felsenplanet zu weit von einem solchen Stern entfernt, friert H_2O zu Eis, ist der Begleiter zu nah dran, ist das Wasser in der Dampfphase. Für ein mögliches Leben ist beides nicht besonders gut. Wenn man sich also um die Sonne herum einen Planeten in der habitablen Zone vorstellt, erkennt man, oh ha, in dieser protosolaren Scheibe ist es so heiß, dass es überhaupt kein flüssiges Wasser geben kann. Das ist schlecht.

Es gibt eine sogenannte »snow-line« um unsere Sonne herum, jenseits dieser Linie kommt Wasser in gefrorener Form vor. Irgendwie wurde das Eis ins Innere des Systems gebracht und konnte die Planeten in der bewohnbaren Zone mit Wasser beladen. Die Eisbrocken kamen vom Rand des Sonnensystems vom Kuipergürtel oder der Oortschen Wolke. Woher weiß man das? Kernphysik. Schon klar. Immer, wenn der Lesch eine Frage beantworten soll, kommt er mit der Quantenmechanik.

Also, machen wir es kurz. Bei der Analyse des Wassers gibt es zwei verschiedene Wasserstoffisotope. Ein Isotop ist das gleiche chemische Element, aber mit einer unterschiedlichen Menge von Neutronen im Atomkern. Ein normaler Wasserstoff hat ein Proton. Dann gibt es das Isotop Deuterium, das im Kern ein Neutron und ein Proton hat. Aus der Deuterium-Häufigkeit im Verhältnis zu Wasserstoff weiß man, woher das Wasser auf der Erde kommt. Übrigens, Deuterium ist in den ersten drei Minuten im Universum entstanden, das ist wirklich primordial, wie es so schön heißt.

Wasser findet sich auf allen möglichen Meteoriten, Kometen und tatsächlich auch in Spuren auf den Planeten in unserem Sonnensystem. Überall kann man das Deuterium-Wasserstoff-Verhältnis aus dem Spektrum der Wasserstoffatome bestimmen. Der Atomkern des Deuteriums ist viel schwerer als der eines Wasser-

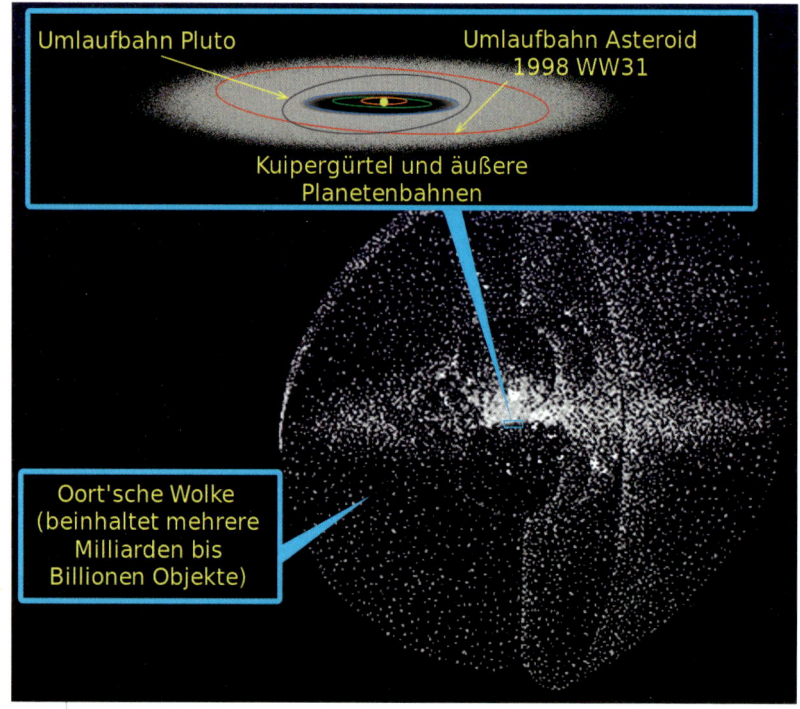

Die Lage von Kuipergürtel und Oortscher Wolke jenseits der Planetenbahnen.

BILDNACHWEIS: NASA, herschel.jpl.nasa.gov/solarSystem.shtml

stoffatoms. Deshalb hat Deuterium ein etwas anderes Strahlen-spektrum und lässt sich gut beobachten.

Schlussendlich kommt dabei heraus, dass Wasser auf der Erde von »kohligen Chondriten« kommt, den Carbonaceous chondrites. Die haben nämlich exakt das gleiche Isotopenverhältnis wie das Wasser auf der Erde.

Wir wissen inzwischen, dass ein bewohnbarer Planet sein Wasser von außen bekommen haben muss. Das ist eine ganz wichtige Geschichte. Sie können sich natürlich vorstellen, dass das ein ziemlich zufälliger Prozess gewesen sein muss. Das erkennen wir auch im Sonnensystem. Die Venus, quasi so schwer wie die Erde, ist ein bisschen näher an der Sonne und von Wasser ist da nix zu sehen, gar nix. Vielleicht hatte der Mars (siehe Seite 113) mal welches. Er ist aber inkontinent, sprich, er konnte es nicht halten. Sollte heute noch was da sein, ist es gefroren oder kommt mit hoher Salzkonzentration an die Oberfläche. Strömen kann man nicht sagen, es quillt hervor und versickert gleich wieder. Auf der Erde gibt es Wasser. Das ist offenbar verschiedenen Eigenschaften unseres Planeten zu verdanken, vor allem seiner Masse. Er ist der schwerste Felsenplanet und hat tatsächlich einiges von diesen kohligen Chondriten abbekommen. Dass es heftige Einschläge gab, zeigt auch unser Mond. Ein Impaktor auf die Urerde hatte ungefähr 20 Prozent der Erdmasse, also doppelt so schwer wie der Mars. Nach dem Impaktoreinschlag hatte der Mond, der sich dort in der Scheibe bildete, noch einen weiteren Mond, der den Mond umkreiste und ihn dabei streifte. Er verschmolz mit dem großen Mond und formte so die Rückseite des Mondes, die so völlig anders aussieht als die Vorderseite. Aber das haben wir ja schon besprochen. Übrigens: Der Impaktor muss fast die gleiche Zusammensetzung gehabt haben wie die Erde, ansonsten wäre das Mondgestein dem Erdmantelgestein nicht so ähnlich, nur ohne flüchtige Elemente. Wahrscheinlich bildeten die Erde und der Impaktor ein Doppelplaneten-System. Die beiden haben sich derartig stark beeinflusst, dass der Impaktor zerrieben wurde. Damals muss ziemlich was los gewesen sein. Die Gezeitenkraft des Mondes hatte anschließend natürlich seine Auswirkungen auf die Wassermassen der Erde.

Wie ist das Wasser nun auf die Erde gekommen? Man kann sich das leicht vorstellen. Brocken sind mit der Geschwindigkeit von – sagen wir mal – zehn Kilometern pro Sekunde unterwegs.

Eine astrophysikalische Durchschnittsgeschwindigkeit. Erreicht er mit diesem Tempo das Schwerefeld der Erde und schlägt ein, wird das mitgeführte Wasser natürlich in der Dampfphase sein. So, und jetzt kommt es drauf an: Wie hält der Planet den Dampf fest? Durch seine Masse. Wäre der Planet Erde also nicht schwer genug gewesen, wäre der Wasserdampf gar nicht in seiner Atmosphäre geblieben. Apropos Atmosphäre, noch sind wir beim Vorspiel. Welche Atmosphäre hatte die Erde in ihrer Ursprungsform? Also, Wasser schon mal ganz sicher. Ist Wasserdampf ein Treibhausgas? Jawoll!

Was passiert, wenn Brocken zusammenstoßen? Welche Gase werden dabei freigesetzt? Kann man sich leicht überlegen. Kohlendioxid bestimmt, weil man es auch in den großen Wolken im interstellaren Medium findet. Und Wasser. Es kommt nämlich aus den großen Wolken des interstellaren Mediums. Es ist also nicht auf der Erde entstanden, auch nicht auf diesen kohligen Chondriten, sondern in großen Gaswolken im interstellaren Medium.

Fazit: Kohlendioxid und Wasser sind jetzt auf unserem Felsplaneten vorhanden. Beide sind wunderbare Treibhausgase. Dazu noch Methan, das eine 17-mal stärkere Treibhauswirkung als Kohlendioxid besitzt. In dieser ersten Phase haben wir drei Stoffe mit massivem Treibhauseffekt. Warum ist das so wichtig? Sie müssen Folgendes bedenken: Die Sonne war in ihrer Anfangszeit noch nicht so leuchtstark wie heute. Es gibt einige merkwürdige Paradoxien, bei denen man, wenn man sich lange genug damit beschäftigt, das Gefühl hat, dass die Dinge erst durch mehrere Flaschenhälse müssen. Ich vergleiche das gern damit, wenn einer auf einem Planeten einen Vortrag halten will, muss erst einmal eine Rasierklinge auf einer anderen stehen. Obendrauf sitzen wir alle und dürfen nicht mal mit den Ohren wackeln.

Es sind schon unfassbare Merkwürdigkeiten, die unsere Existenz ermöglichen. Unter anderem dieses Paradoxon, dass die

Ursonne in ihren ersten – sagen wir mal 500 Millionen Jahren – deutlich leuchtschwächer war als heute. Das wissen wir, weil wir einfach andere Sterne angucken. Andere G-Sterne. Sie erinnern sich? G war der gute Stern. Keine M-Zwerge oder O-Riesen. Wir suchen uns G-Sterne aus. Wir wissen etwas über die Entwicklung dieser Sterne, nämlich, dass sie in ihrer frühen Phase viel leuchtschwächer als heute waren.

Wie bewahren wir den Planeten – obwohl seine Sonne weniger strahlt, weniger Energie pro Quadratmeter abgibt – davor zu vereisen? Rundum? Eis ist weiß. Das ist schlecht. Weiß reflektiert und schickt Energie, die von draußen kommt einfach wieder zurück. Das wäre eine Katastrophe. Ein Planet – bei sagen wir 75 oder 60 Prozent der heutigen Sonnenleuchtkraft – wäre komplett vergletschert. Es hätte Milliarden Jahre gedauert, bis dieses Gletschereis wieder aufgetaut wäre. Die Entwicklung von Leben, die wir ja seit vier Milliarden Jahren beobachten können, wäre unmöglich gewesen. Der massive Treibhauseffekt half, die Urerde in den ungefähr 200 Millionen Jahren nach ihrer Geburt vor der Vergletscherung zu bewahren. Eine ganz wichtige Entwicklung. Durch Vulkanismus und Ausgasungsprozesse kam es eben dazu, dass Kohlendioxid und jede Menge Methan verfügbar waren. Und es haben sich alle möglichen netten Kohlenwasserstoffverbindungen in der Atmosphäre zusammengebaut. Es gab auch Dreck und Staub. Alles wunderbar. So wurde der Planet davor bewahrt, sich in einen Eismantel zu hüllen. Wenn wir allerdings jetzt Anfang des 21. Jahrhunderts den Treibhauseffekt nicht irgendwie abschalten, kommen wir in Teufels Küche. Woher wissen wir das?

Wir schauen uns einfach die Lady an, die im Inneren des Sonnensystems um die Sonne kreist, die Venus (siehe Seite 114f.). Bis Anfang der 1960er-Jahre war unsere Nachbarin noch von Mythen umwabert. Auf dem Planeten der Liebe sollten umtriebige Venusianer und deren Gespielinnen unter undurchdringlichen

Wolken hausen. Riesige Schachtelhalme sollten in Urwäldern wie bei uns im Jura oder in der Kreidezeit, also vor 65 oder 100 Millionen Jahren, gedeihen. Dann kam der Russe und hat die Sache geregelt. Eine russische Sonde hat zum ersten Mal gemessen, was da los ist. Nur Kohlendioxid in der Atmosphäre. Dazu etwas Schwefelsäure. 450 Grad Celsius Oberflächentemperatur, 90 Atmosphären Druck. Nach drei Minuten war die russische Technologie am Ende. Jetzt wusste man, auf der Venus herrschen raue Sitten. Normalerweise hält die robuste russische Technologie alles Mögliche aus. Weitere Sonden haben ebenfalls relativ schnell die Grätsche gemacht. Selbst wenn sie weich gelandet sind, war nach einigen Minuten alles vorbei, kein Wunder. Wieso hat die Venus so einen galoppierenden Treibhauseffekt? Sie hat eine Gleichgewichtstemperatur erreicht. Die sichtbare Sonnenstrahlung heizt die Oberfläche auf und die Infrarotstrahlung die Atmosphäre, weil Kohlendioxid eben ein starkes Treibhausgas ist. Bei dem Treibhauseffekt würde die Gleichgewichtstemperatur auf der Erde bei rund 250 Grad Celsius liegen. Na dann Prost.

Gut, dass es nicht so ist. Warum? Weil es anfing zu regnen. Große Mengen von Kohlendioxid wurden ausgewaschen. Das heißt, der Treibhauseffekt ließ nach und das übrigens zu einer Zeit, als die Leuchtkraft der Sonne stärker wurde. Diese Balance ist wirklich verblüffend! Am Anfang brauchte man den Treibhauseffekt, damit die Erde bei der schwachen Sonne nicht vergletschert. In der Zwischenzeit verschmolz die Sonne ordentlich Wasserstoff zu Helium und legte an Leuchtkraft zu. Und auf der Erde fing es an zu regnen. Viele, viele Jahre hat es geregnet. Die Sturzbäche, die da vom Himmel kamen, kann man wunderbar ausrechnen. Bei der Wassermenge, die wir auf der Erde haben, sind das so 40.000 Jahre lang täglich 1200 Liter auf den Quadratmeter. Das hat richtig geschüttet. Da jagt man keinen Hund vor die Tür. Deshalb war auch niemand dabei, als das Leben entstand.

Auf dem glühenden Feuerball erstarrte zunächst einmal die Kruste. Im Inneren brodelte es kräftig weiter. Da gibt es auch heute noch jede Menge Aktivität. Glühende Magma, Sie wissen schon. Diese Aktivität wird uns nachher noch bei den Schichten beschäftigen, die wir heute mit gewissen Erdzeitaltern verbinden. Es entstand ständig ozeanische Kruste, und die ersten kontinentalen Blöcke stießen zusammen. Wir haben zusätzlich eine sich entwickelnde Atmosphäre mit hinreichend viel Vulkanismus unter dem Einfluss einer immer stärker werdenden Sonne und eines Begleiters, der eben Ebbe und Flut erzeugt. So. Was brauchen wir jetzt noch?

Nun, wir haben es ja mit einem Planeten zu tun, der um einen Stern kreist, der schon zur dritten, möglicherweise vierten, Generation gehört. Das heißt, es findet sich eine Vielzahl von Elementen, die in Supernovae gebacken worden sind. Obwohl es nicht besonders häufig ist, findet sich Kohlenstoff. Nur weil alles Leben aus Kohlenstoff und Wasserstoffmolekülen besteht, sollte man nicht glauben, dass Kohlenstoff ein besonders häufiges Element auf unserem Planeten sei. Das ist überhaupt nicht der Fall.

Man könnte sich natürlich auch überlegen, dass das Leben vielleicht ganz anders entstanden ist? In der Kohlenstoffgruppe gibt es ja auch noch Silizium. Leben könnte also auch aus Silizium bestehen. Es kommt auf dem Planeten viel häufiger vor als Kohlenstoff. Jetzt bastelt Silizium Kettenmoleküle aber nur bei relativ geringen Temperaturen. Bei niedrigen Temperaturen, das wissen wir alle aus unserer Kühltruhe, ist die Chemie sehr langsam.

Jetzt kann man ein Spielchen machen. Man nehme einen Laterallappen vom Kohlenstoffmännchen und schaue sich dessen hormonelle Reaktionen an, wenn er auf der anderen Straßenseite ein attraktives Kohlenstoffweibchen sieht. Er denkt, boah, die ist eine Wucht! Dieses »boah« ist hier mit einer Reihe von hormonellen Reaktionen verbunden. Das kann man dann in eine Siliziumchemie umrechnen. Man kann sich fragen: Angenommen, es gäbe Siliziumkettenmoleküle, die bei -170, -180 Grad Celsius entstehen. Das ist wirklich sehr kalt, saukalt. Man kann sich gut vorstellen, dass chemische Prozesse unter diesen Bedingungen sehr langsam vor sich gehen. Ich habe das mal so formuliert, Sex zwischen einem Siliziummännchen und einem Siliziumweibchen würde länger dauern als das Universum alt ist. Aber was für ein Vorspiel!

Daher lässt sich aus den Eigenschaften der Elemente schließen, was für Leben besonders günstig und was weniger günstig ist. Kohlenstoff ist auf dem Planeten Erde zwar da, gehört aber nicht unbedingt zu den häufigsten Elementen. Das wären eher Wasserstoff, Stickstoff und Sauerstoff. Für uns ist er heute sicherlich das wichtigste Element.

Aber damals war das alles noch gar nicht da. Ich weiß nicht, ob es Ihnen auffällt, unsere Atmosphäre im 21. Jahrhundert besteht aus Stickstoff, Wasserdampf, immer mehr Kohlendioxid (menschengemacht), ganz wenig Methan und natürlich Sauerstoff. Aber damals bestand die Lufthülle offenbar nur aus diesen Treibhausgasen. Woher kommt der Sauerstoff?

Am Anfang war die Atmosphäre tatsächlich ganz anders als heute. Eine ziemliche undurchsichtige Geschichte, praktisch so wie die Venus. Der Planet hatte daneben auch durch radioaktiven Zerfall seine inneren Energiequellen, dazu Vulkanismus und etliche andere Prozesse. Ich stelle mir – Sie bitte auch – die Erde vor, so einen Schnitt durch die Kugel: Die Erdkruste ist – sind wir großzügig – 15 bis 30 Kilometer dick. Das ist in Relation zum Erddurchmesser von 12.000 Kilometern wirklich gar nix. Also, unter dieser erstarrten Haut geht der Punk ab. Da brodelt und glüht es gewaltig. Flüssiges Magma bewegt sich mit moderater Geschwindigkeit und sorgt unter anderem dafür, dass wir ein Magnetfeld haben.

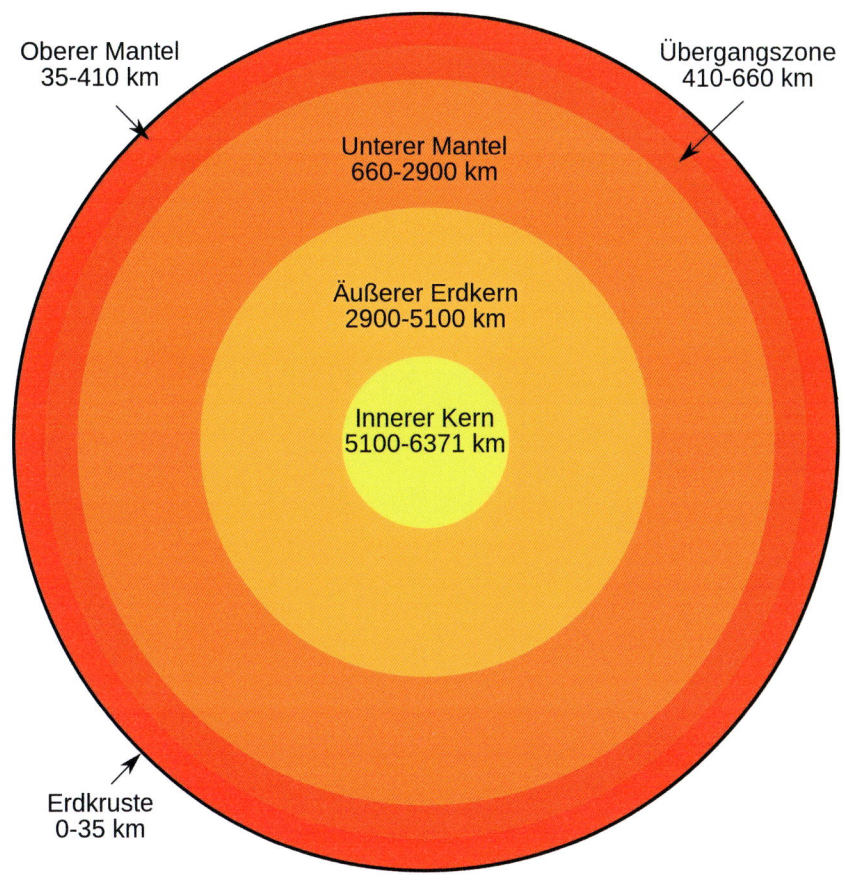

Oberer Mantel
35-410 km

Übergangszone
410-660 km

Unterer Mantel
660-2900 km

Äußerer Erdkern
2900-5100 km

Innerer Kern
5100-6371 km

Erdkruste
0-35 km

DER INNERE AUFBAU DER ERDE

Die massenanteilige Zusammensetzung der Erde besteht hauptsächlich aus Eisen (32,1 %), Sauerstoff (30,1 %), Silizium (15,1 %), Magnesium (13,9 %), Schwefel (2,9 %), Nickel (1,8 %), Calcium (1,5 %) und Aluminium (1,4 %). Die restlichen 1,2 % teilen sich Spuren von anderen Elementen.

Nach seismischen Messungen ist die Erde hauptsächlich aus drei Schalen aufgebaut: aus dem Erdkern, dem Erdmantel und der Erdkruste. Diese Schalen sind durch seismische Diskontinuitätsflächen (Unstetigkeitsflächen) voneinander abgegrenzt. Die Erdkruste und der oberste Teil des oberen Mantels bilden zusammen die sogenannte Lithosphäre. Sie ist zwischen 50 und 100 km dick und zergliedert sich in große und kleinere tektonische Einheiten, die Platten.

Zu diesen Energiequellen gesellt sich die Sonne. Wir haben also Energiequellen in Hülle und Fülle. Innere Aktivität und äußere Energien und Kräfte sind am Machen und Tun. Auch der Mond ist in dieser Gemengelage mit dabei. Er entstand in einem Abstand von rund 40.000 Kilometern. Heute ist er zehnmal so weit entfernt. Das heißt, seine Gezeitenkraft war früher viel stärker. Sie hat die Erde richtig durchgeknetet. Der Mond wurde natürlich auch von der Erde durchgeknetet, nur sieht man heute nichts mehr davon. Damals spielte das Durchkneten der Erde zusammen mit der Sonneneinstrahlung, den großen Mengen an Wasser und Mineralien, die in dem Wasser gelöst waren, eine große Rolle. Da blieb der Materie eigentlich gar nichts anderes mehr übrig, als sich irgendwie zu organisieren. Das ist ein ganz entscheidender Punkt für das Werden des Lebens auf der Erde.

Nach diesem physikalischen Vorlauf schält sich eine Möglichkeit heraus: Die Materie hat sich versammelt und überlegt, was machen wir denn jetzt mit der ganzen Energie, die uns zur Verfügung steht? Mensch, Mensch, Mensch. Allein die Kraft der Gezeiten eröffnet uns ja Möglichkeiten, ganz neue Moleküle aufzubauen.

Leben ist ein Markstein, eine Schlüssel- oder Kardinalsstelle. Für einen Physiker ist es ein dissipatives Nichtgleichgewichtssystem. Ja, ich lasse das jetzt einmal wirken. Also: Es geht um die Worte »Dissipation« und »Nichtgleichgewicht«. Und das mit dem Nichtgleichgewicht ist – hoffentlich – in dem Vorlauf schon klar geworden. Nichtgleichgewicht heißt »nicht im Gleichgewicht«. Sonst hieße es ja Gleichgewicht. Ist logisch. Was meine ich, wenn ich von Nichtgleichgewicht spreche? Nun, es wird pausenlos Energie in so ein System hineingepumpt. Das lässt sich übrigens in einem wunderbaren Buch von einem grandiosen Quantenphysiker nachlesen, Erwin Schrödinger. Er hat das kleine Büchlein »Was ist Leben?«[8] geschrieben. Das hat zwar schon ein paar Dekaden auf dem Buchdeckel, gehört aber nach wie vor mit zum Besten wissenschaftlicher Sachliteratur. Das ist einfach super geschrieben.

Schrödinger war der Erste, der auf diesen Zusammenhang des Nichtgleichgewichts mit dem Leben hingewiesen hat. Er stellte die Frage, warum werden wir eigentlich alt und müssen eines Tages ins Gras beißen? Seine Antwort: Na ja, das ist doch ganz einfach. Wir sind Vielteilchensysteme. Und bei Vielteilchensystemen gibt es eben statistische Schwankungen, nicht alles funktioniert bei Vielteilchensystemen immer gleich. Dass wir altern, hat eben mit den statistischen Schwankungen zu tun, ganz einfach. Es ist kein Wunder, dass wir altern. Wir bestehen aus so vielen Teilchen, dass uns gar nichts anderes übrig bleibt. Alle Vielteilchensysteme altern.

ERWIN RUDOLF JOSEF ALEXANDER SCHRÖDINGER (1887–1961) war ein österreichischer Physiker und Wissenschaftstheoretiker. Er gilt als Mitbegründer der Quantenmechanik und erhielt für die *Entdeckung neuer produktiver Formen der Atomtheorie* gemeinsam mit Paul Dirac 1933 den Nobelpreis für Physik.

BILDANCHWEIS: Nobel foundation, gemeinfrei

---

8   *Was ist Leben? – Die lebende Zelle mit den Augen des Physikers betrachtet,* Erwin Schrödinger, Leo Lehnen Verlag (Sammlung Dalp), München, 1951, 2. Aufl.

Nur einem Atom ist das Altern egal. Ein Atom hat überhaupt keinen Zeitbegriff. Deshalb verwenden wir Atome für Atomuhren, um Zeit zu messen. Atome sind immer im Gleichgewicht. Da ändert sich nichts. Aber schon bei den Molekülen gibt es immer mal wieder kleine Umbaumaßnahmen. Das ist übrigens das, was auf der mikroskopischen Ebene dann mit Evolution zu tun hat. Dass immer mal wieder das eine oder andere Atom irgendwo an irgendein Molekül angebaut wird. Schwupp, hat es andere Eigenschaften, und schwupp, kann es sich unter veränderten Umweltbedingungen möglicherweise erfolgreicher durchsetzen als ein anderes Molekül.

Aber ein einzelnes Atom oder ein Proton, ein Up- oder Down-Quark, denen ist das völlig wurscht. Dem Proton ist das genauso egal wie dem Elektron. Alle diese Elementarteilchen altern nicht. Aber sobald es gewisse Vielteilchensysteme gibt, schleicht sich ein Alterungsprozess ein, auch in unserem lebendigen Körper.

Leben hängt davon ab, wie viel Energie zur Verfügung steht. Nicht Energie insgesamt, sondern wie viele Energieunterschiede zur Verfügung stehen. Nur die Energieunterschiede sind es, die es uns ermöglichen, Leistung zu erbringen und damit auch eine Arbeit zu leisten. Das heißt, jedes System, ob nun physikalisch oder biochemisch, muss ein gewisses Reservoir haben, um einen solchen Unterschied abzubauen. Wenn dann der Unterschied abgebaut ist, dann ist aus dem Nichtgleichgewicht ein Gleichgewicht geworden. Für uns hat das Thema Gleichgewicht schon eine ziemlich existenzielle Bedeutung. Wenn wir nämlich im Gleichgewicht mit der Umgebung sind, dann sind wir tot. Um zu leben, müssen wir im Nichtgleichgewicht sein. Das sehen Sie ja an sich selbst.

Stellen Sie sich vor: Das Universum hat eine Temperatur von 2,71 Kelvin, also -271 Grad Celsius, unser Planet hat 15 Grad Celsius, die Sonne bringt es auf 5800 Kelvin. Alles so über den

Daumen. Das heißt, wir leben in einem Energiestrom. Die Energie der Sonne trifft auf die Erde und ein Teil davon wird wieder an das Universum zurückgestrahlt. Wir sind wie Forellen in einem munter fließenden Bach. Wir leben in einem ständigen Energiestrom.

Wir sind aber noch am Anfang der Prozesse zur Entstehung des Lebens. Wir haben bisher jetzt nur diese wahnsinnigen Energien, hervorgerufen durch Vulkane, durch die Aktivität der Sonne, durch die Gezeiten und durch das ganze Sammelsurium an Stoffen, die sich in den Weltmeeren anhäufen. Immerhin haben wir Moleküle noch und nöcher.

Große Frage: Diese Urmeere, wie sahen die aus? Neueste These: Am Anfang bestanden sie aus Soda, und erst allmählich reicherten sie sich mit Kochsalz an. Wir brauchen Natriumchlorid, Kochsalz. Und noch was: Vor ungefähr 650 bis 700 Millionen Jahren lagerten sich erste Kalkskelette ab, die wir dann später als Fossile entdeckten. Woher kommt der Kalk? Kalk ist Kalziumkarbonat. Aha … Das hätten wir auch gern, um unsere Skelette bauen zu können und um hinterher zu sagen, »ach, so war das!«

Wie kommen wir auf diese Ideen? Nun, man nehme Soda, also Natriumcarbonat und Kalziumchlorid, wunderbar. Die Formel zum Mitschreiben: Zwei Natrium – Natrium ist ein Alkalimetall – und das Carbonat ergeben Natriumcarbonat und Kalziumchlorid, die sich bei einer Soda-Kochsalz-Entwicklung in Kochsalz verwandeln. Wir haben zwei Natriumchlorid und einmal Kalziumcarbonat. Bingo. Das kann bestenfalls für Gips und ähnlichen Kram verwendet werden.

Es könnte sein, dass die Meere in der Phase, als das Leben entstand, von ihrem ph-Wert her ganz anders aussahen. Der pH-Wert sagt etwas darüber aus, ob die Flüssigkeit eher sauer oder eher basisch gewesen ist. Die Meere können, was diese Nichtgleichgewichte betrifft, eine ganz wichtige Rolle gespielt haben.

Letztlich dreht sich alles um die Frage, ob die Materie unter den Umständen, unter denen unser Planet entstanden ist, gar nicht anders konnte, als alle Kanäle, sprich Möglichkeiten, zu besetzen, die es nur irgendwie gab. Es gab so viele Moleküle, dass es pausenlos zu irgendwelchen Neubildungen kommen musste. Und noch was ganz Entscheidendes war, dass es Moleküle gibt, die Wasser hassen. Sie sind hydrophob. Andere sind hydrophil, das heißt sie lieben Wasser. Hydrophile Moleküle drängen zum Wasser, während die Hasser froh sind, wenn sie mit Wasser nichts zu tun haben.

Nehmen wir mal an, wir haben 15 bis 20 solcher Moleküle, die sich so ausrichten, dass ihr Wasser liebender Teil nach außen zum Wasser schaut und der hassende nach innen. Es bildet sich eine langsam aber sicher geschlossene ... ich will es noch nicht sagen. Es bildet sich irgendetwas Geschlossenes. Die Moleküle fühlen sich sehr wohl, weil sie in dem Zustand sind, in dem sie gern sein wollen. Die Hasser sind weg vom Wasser, und die Liebhaber, die sind im Wasser. Das muss natürlich zwangsläufig dazu führen, dass die Konzentration an Wassermolekülen innen kleiner wird als außen. Sie sehen schon, wir haben hier den Beginn der Membranbildung.

Ich weiß nicht, ob Sie es wissen, aber Sie sind eine Genossenschaft von zehn Billionen Mitarbeitern. Ja, zehn Billionen. Und damit meine ich europäische Billionen, nicht diese amerikanischen »Billions«, das wären ja nur Milliarden. Zehn Billionen Mitarbeiter, die sich helfen, zusammenarbeiten und gegenseitig kontrollieren. Das sind wir Menschen. Ich meine jeder einzelne von uns!

Wir sind ein riesiges Sammelsurium von Einzellern. Jede Zelle schaut, dass der Laden läuft. Wenn Sie sich in den Finger schneiden, werden sofort sowohl die Hautzellen als auch das ersetzt, was unterhalb der obersten Hautschicht ist. An ihrem Finger entsteht keine Niere und keine Leber oder sonst irgendetwas.

Nein, die Zellen wissen genau, was da hingehört, und das wird auch wieder dahin gebaut. Bei zehn Billionen Teilnehmern kann man sich schon wundern, dass man einigermaßen gesund ist. Da muss doch ständig irgendwas defekt sein. Sie kennen ja alle diesen wunderbaren Medizinerwitz: Sie glauben, Sie sind gesund? Dann habe ich Sie nur noch nicht lange genug untersucht.

Kommen wir zurück zu dem Moment, in dem sich zum ersten Mal Moleküle strukturiert haben. Sie konnten das, weil sie aus dem Nichtgleichgewicht ausreichend Energie für sich schnappten, um diese Strukturen zu bilden. Erste Bläschen bilden sich. Es gab noch keine Ozonschicht. Jeder Australier kann Ihnen erklären, wie unangenehm es ohne Ozonschicht ist. Morgens im Radio hört man schon, du darfst heute höchstens acht Minuten in der Sonne bleiben, danach wird es gefährlich. Stichwort Ozonloch.

Die Ozonschicht sorgt dafür, dass die Ultraviolettstrahlung den Planeten zumindest an seiner Oberfläche nicht in voller Stärke erreicht. Vor vielen Millionen Jahren gab es aber noch keine Ozonschicht.

Und jetzt kommt der Lesch wieder mit der Quantenmechanik. Man kann die Bindungsenergien von solchen Molekülen ausrechnen. Warum? Na ja, da gibt es eben solche Vibrations- und Rotationsmoden. Man stellt fest, wenn da ein UV-Photon reinknallt, geht so ein neu gebildetes Molekül kaputt. Gerade hatten wir doch so eine schöne Membran, jetzt kommt da die Ultraviolettstrahlung und macht alles wieder kaputt. Aber, so eine Zerstörung bietet natürlich auch eine Chance. Jawohl, weil die Moleküle immer wieder kaputt gemacht werden, bilden sich ständig neue Kombinationen dieser hydrophilen und hydrophoben Teile. So entstehen unterschiedliche Membranen. Die einen sind etwas größer, die anderen weniger stabil. Das auftauchende Sammelsurium muss ungeheuerlich gewesen sein. Alle möglichen Membranformen mit hydrophilen und hydrophoben Anteilen. Von kleinen Molekülen, den sogenannten Monomeren, also relativ überschaubaren Kohlenwasserstoffmolekülen, bis hin zu Polymeren, sehr langen Kohlenwasserstoffketten.

Monomere gibt es im interstellaren Medium in Hülle und Fülle. Ameisensäure, Methylalkohol, Ethylalkohol, sogar die einfachsten Aminosäuren. Alles kein Problem. Gib ihnen einfach nur ein Staubteilchen, die finden sich im interstellaren Medium reichlich. Wo Sterne explodieren, gibt es Staubkörner. Die Hüllen, die sie abgeben, sind am Anfang sehr heiß, kühlen dann ab und bilden Staubteilchen. Das sind vor allem Silizium, Wasserstoff und Kohlenstoffverbindungen. Diese Verbindungen haben eine Struktur wie die norwegische Küste, ein Fjord neben dem anderen. In diesen Einschnitten können sich alle möglichen Moleküle bilden. Da wo Staub ist, finden wir heutzutage alle möglichen Moleküle, nach denen wir suchen.

Noch eine kurze Anekdote zwischendurch, damit Sie sich etwas entspannen. Wir kommen gleich zu den Polymeren zurück, keine Bange. Ein wunderbares Beispiel für die Gültigkeit der Naturgesetze im gesamten Universum findet sich in einem Physikalischen Institut für Molekülspektroskopie. Dort veranlasst man Moleküle dazu, Strahlung abzugeben oder auch zu absorbieren.

Nehmen wir irgendein Molekül, zum Beispiel Formaldehyd, und bringen es zum Strahlen. Nach einer Weile, so nach zwei bis drei Doktorarbeiten haben wir ein ordentliches Spektrum. Wir wissen dann genau, wie das Ding strahlt. Dann fahren wir mit dem Spektrum entweder im Koffer oder im Computer nach Granada, Sierra Nevada. Hier leuchten die Sterne besonders stark. In der Sierra Nevada steht ein 30-Meter-Spiegel von IRAM, ein europäisches Observatorium, das Infrarotstrahlung empfangen kann. Jetzt holen wir unser Spektrum heraus und gucken, was so die Hauptlinien sind. Dann stellen wir den Spektrographen des IRAM-Teleskops auf dem Pico Veleta darauf ein.

IRAM: Das 30-Meter-Teleskop auf dem Pico Veleta in der spanischen Sierra Nevada in einer Höhe von 2850 Metern ist eines der größten und empfindlichsten Radioteleskope für Wellen im Millimeterbereich. BILDNACHWEIS: IRAM

Sollten Sie mal in Andalusien sein, fahren Sie hin! Eine großartige Strecke. Man kriegt dabei auch mit, unter welch harten Bedingungen Astronomen teilweise arbeiten. Wir stellen also das Ding da oben ein und schauen uns irgendeine Gaswolke an, sagen wir die Orion-Gaswolke. Der Orion ist immer wieder gut am Nachthimmel zu sehen. Ein wunderbares Sternbild, die drei Gürtelsterne und Beteigeuze, oben links rot zu sehen.

Übrigens noch eine kleine Anekdote innerhalb der Anekdote. Für die Amateurastronomen: Beteigeuze schrumpft. Sollte uns zu denken geben. Schrumpfende Sterne beißen nicht, können aber explodieren. Ist zwar weit genug von uns entfernt, so 600 Lichtjahre, aber – Wow! Da wäre was los. Ich hoffe nur, dass es nicht im Sommer passiert, dann würden wir hier in Europa nichts sehen, das wäre blöd. Im Winter wäre es schön, da könnte man das Auseinanderfliegen von Beteigeuze wunderbar beobachten.

Zurück zum IRAM-Teleskop und der Beobachtung der Gaswolke. Was soll ich sagen? Da finden wir genau diese Moleküle. Alle möglichen Bandenspektren von großen Molekülen, über 110 verschiedene Kohlenwasserstoffmoleküle hat man gezählt.

Das spektakuläre Bild des Orion-Nebels wurde
mit der HWAK-I-Infrarotkamera des ESO Very
Large Telescope in Chile gemacht. Es ist der
bisher tiefste Blick in diese Himmelsregion.
Er enthüllt auch das Vorhandensein von
Monomeren. BILDNACHWEIS: ESO/H. Drass et al

Das heißt: Die Monomerbildung ist nichts Magisches, Außerge-
wöhnliches. Monomerbildung ist überhaupt kein Problem. Polymerbildung ist was anderes. Um große Moleküle aufzubauen,
bedarf es einer gewissen Langeweile.

Ich persönlich bin ja ein großer Vertreter von möglichst viel
Langeweile, bedeutet sie doch, dass nichts passiert. Dann bleibt
alles so, wie es ist. Kosmisch gesprochen heißt das, es droht
keine Gefahr, dass der Planet ständig aus dem All bombardiert
wird. Langeweile heißt bei der Molekülentwicklung aber auch,
dass das Wasser nicht anfängt zu kochen oder der Planet vereist
und wieder auftaut, und so weiter. Besser, man hat zunächst
einmal flüssiges Wasser mit genügend Nährstoffen, die sich verbinden können. Polymerbildung braucht Zeit und ist davon abhängig, welche Nährstoffe verfügbar sind.

Ein Problem gibt es allerdings auch da. Was machen Polymere, wenn sie zu viel Wasser um sich haben? Sie lösen sich auf.
Also, in großer Wassertiefe ist eine Polymerbildung schwierig.
Wenn die Moleküle aber an die Wasseroberfläche gehen, nun,
leider muss ich das sagen, da ist es auch schlecht. Also die Mitte,
so bei 15 bis 20 Metern Tiefe, da liegt der ideale Bereich für die
Polymerbildung.

Wenn man jetzt noch die Gezeitenbewegungen in geschütz-
ten Becken mit einbezieht, bekommt man langsam eine Vorstellung, wie und wo sich die ersten großen Polymere gebildet haben könnten. Abgesehen von bevorzugten Stellen, die wirklich
reich an Energiequellen sind, nämlich den sogenannten »Black
Smokern« auf dem Boden von Ozeanen. Da sieht man noch heute, wie Lebewesen auch ganz ohne Sonne auskommen. Die chemische Energie an den Schwarzen Rauchern ist überwältigend.

Neben Bakterien, die in unserem Darm, in der Mundhöhle oder
auf unserer Haut ihr Unwesen treiben, die wir also kennen, gibt es
noch die sogenannten »Archaeen«. Der wunderbare Professoren-

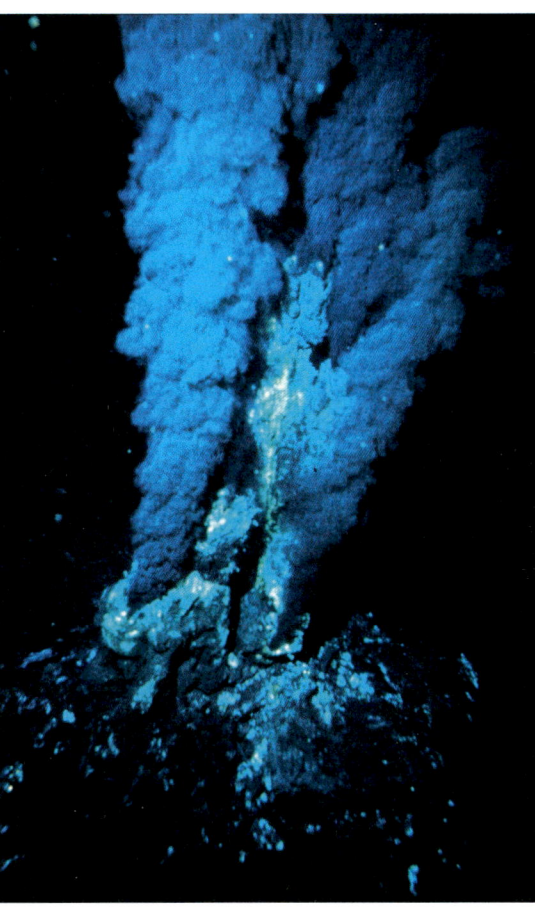

BLACK SMOKER
Auf dem wenige Grad Celsius kalten Meeresgrund tritt über 400 Grad Celsius heißes Wasser aus Thermalquellen. Durch die plötzliche Abkühlung des mineralreichen Wassers werden Sulfide und Salze von Eisen, Kupfer, Mangan und Zink ausgefällt. Eines von vielen Szenarien für eine Ursuppe.

BILDNACHWEIS. © NOAA, Wikimedia, gemeinfrei

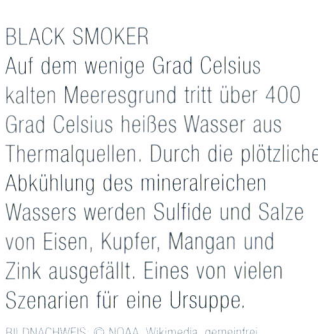

Kollege Karl Stetter an der Universität Regensburg ist ein großer Archaeen-Züchter. Diese Winzlinge sind in der Lage, Dinge zu fressen, da würden wir sagen, um Gottes Willen! Salpetersäure bei 114 Grad Celsius. Das lieben diese Feinschmecker. Offenbar sind die Archaeen aber nicht diejenigen, die sich durchgesetzt haben.

Hier auf Erden dominieren jetzt die Eukaryonten. Ihr Gen- oder Erbmaterial schwimmt in einer Brühe, dem Zytoplasma. Wir sind Eukaryonten mit einem Zellkern. Das ist ein großer Unterschied. Prokaryonten, also Bakterien ohne festen Zellkern, vermehren sich gleichgeschlechtlich. Eukaryonten vermehren sich geschlechtlich. Aufgrund der Eukaryonten gibt es nicht nur Luft, sondern auch Liebe. Prokaryonten sorgen für die Luft, den Sauerstoff in unserer Atmosphäre. Dazu komme ich noch.

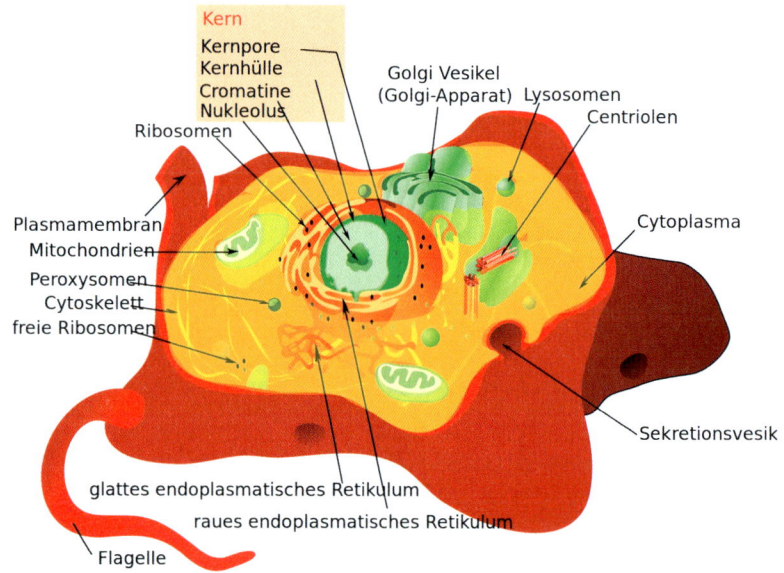

EUKARYONTEN

Schematische Darstellung einer Tierzelle als Beispiel einer eukaryotischen Zelle.

Eukaryonten oder Eukaryoten sind eine Domäne der Lebewesen, deren Zellen einen echten Kern und eine reiche Kompartimentierung haben. Hierin unterscheiden sie sich von den beiden übrigen Domänen im System der Lebewesen, den prokaryotischen Bakterien und Archaeen mit procytischen Zellen.

Eukaryoten können Einzeller oder mehrzellige Lebewesen sein. Diese bestehen aus einer größeren Zahl von Zellen mit gemeinsamem Stoffwechsel, wobei spezielle Zelltypen bestimmte Aufgaben übernehmen. Die meisten bekannten Mehrzeller sind Eukaryoten, darunter die Pflanzen, Tiere und mehrzelligen Pilze.

Entscheidend ist der Übergang, denn diese Polymere entwickeln immer mehr Eigenschaften, von denen gerade die Rede war, nämlich hydrophile und hydrophobe Anteile, und zwar nicht nur banale Dinger, die aussehen wie ein Kreis oder eine Ellipse. Da können stark strukturierte Objekte entstehen, Kristallen ähnlich. Das ist eine der wichtigsten Definitionen, die zum Leben gehören. Nämlich die Aufnahme, Verteilung und Verwandlung von Energie in Treibstoff für den Organismus.

Membranbildung ist der erste Schritt von Polymeren, Strukturen zu bilden. Ein Energieungleichgewicht ist nötig, um eine aufgenommene Energie in Struktur zu verwandeln. Die Membran ist der erste Schritt. Der Rest läuft in allen möglichen Varianten ab.

Ab jetzt kann man feststellen, Wettbewerb ja, aber nicht unter allen Bedingungen. Manchmal ist es ein Gemeinschaftswerk. Bakterien – insbesondere die Variante, aus der wir bestehen, also Eukaryonten – bestehen aus Einzellern. Einzelteile, die irgendwann beschlossen haben, dass man gemeinsam stärker ist. So ein Etwas hat ein anderes Etwas in sich aufgenommen. Kurz ging die Membran auf, schwupp, war es drin, konnte aber nicht verdaut werden. Beide stellten fest, zusammen können sie Ressourcen besser verwenden. Wissenschaftlich nennt sich das Endosymbiose. Es gibt die große Endo-Symbionten-Hypothese, die besagt: Zum Aufbau des Lebens hat ein symbiotischer Prozess geführt, bei dem Einzelteile im Kollektiv besser zusammenarbeiteten. Am Ende sind dabei Prokaryonten rausgekommen. Diese Zellen trugen dazu bei, den Planeten dramatisch zu verändern.

Hätte es zu diesem Zeitpunkt außerirdische Besucher gegeben, dann hätten sie festgestellt, der blaue Planet ist weitestgehend unbelebt, abgesehen vom Wasser. Darin geht es so richtig ab. Rechnet man die Erdgeschichte auf einen 24-Stunden-Tag herunter, dann würden 80 bis 90 Prozent dieser Zeit ausschließlich die Entwicklung solcher Einzeller im feuchten Element umfassen.

ERDZEITALTER

Die Erdzeitalter auf einen 24-Stunden-Tag heruntergerechnet. Danach streift der Homo sapiens erst seit 4 Sekunden über den Planeten Erde.

Bis heute verstrichene Zeit (in Millionen Jahren)	Erdgeschichtliche Ereignisse	Auf einen Tag umgerechnet	
		Verbleibende Zeit bis Tagesende	Uhrzeit
0,01 (Holozän)	Ackerbau und Viehzucht	0,2 s	23:59:59,8
0,19 (spätes Pleistozän)	*Homo sapiens*	3,6 s	23:59:56,4
2 (frühes Pleistozän)	*Homo habilis*	38 s	23:59:22
7 (spätes Miozän)	„Vormenschen"	2 min 15 s	23:57:45
20 (frühes Miozän)	Menschenaffen	6 min	23:54
40 (Eozän)	Affen	12 min	23:48
60 (Paläozän)	Primaten	18 min	23:42
200 (früher Jura)	Säuger	1 h 5 min	22:55
315 (spätes Karbon)	Amnioten	1 h 40 min	22:20
360 (spätes Devon)	Landwirbeltiere	1 h 55 min	22:05
425 (Silur)	Knochenfische	2 h 15 min	21:45
470 (Ordovizium)	Wirbeltiere	2 h 30 min	21:30
600 (Ediacarium)	Bilateria	3 h 10 min	20:50
1500 (Mesoproterozoikum)	Eukaryoten	7 h	17:00
2400 (Neoarchaikum)	Photosynthese	13 h	11:00
3800 (Eoarchaikum)	Einzeller	20 h	04:00
4570 (Hadaikum)	Erde	24 h	00:00

Das heißt, obwohl dieser Planet Wasser zur Verfügung hat, die richtige atmosphärische Entwicklung vorweist und auch noch im richtigen Abstand zu einem passenden Stern steht, darüber hinaus keine kosmische Katastrophe erlebt hat, also keine Zusammenstöße mit anderen Planeten, hat das Phänomen Leben die längste Zeit, fast vier Milliarden Jahre, praktisch nur Einzeller produziert. Was anderes war auch gar nicht nötig. Alle fühlten sich wohl und futterten vor sich hin.

Vielleicht war auch einfach nur ein Planet voller Einzellern vorgesehen. Vielleicht war alles Weitere ein Fehler im Produktionsablauf, wer weiß?

An dieser Stelle halte ich kurz das Warnschild hoch: In der Erzählung über die Natur hat schon Thomas Mann so schön gesagt: »Die Natur ist Eines«. Nichts ist von den Naturgesetzlichkeiten entkoppelt, angefangen vom Urknall über die Entwicklung der Galaxien, Sterne und Planeten, dem Vorgang der Lebensentwicklung in einem System, das wir Sonnensystem nennen. Niemand hat da eingegriffen. Es gibt keine Lücken, bei denen auf einmal ein Schöpfer meint, jetzt noch mal etwas nachjustieren zu wollen. Das Ganze ist – zumindest soweit wir das erforschen können – ein reines Selbstorganisationsphänomen.

Stellt sich die Frage nach Gott, dann sicher nicht bei dieser empirischen Rückschau. Diese Geschichte will auch gar nicht mit den Mythen konkurrieren, die wir Menschen im Laufe der letzten 10.000 bis 15.000 Jahre über die Entstehung der Welt entwickelt haben. Da werden existenzielle Fragen angesprochen, die unser Dasein in diesem Hiersein betreffen. Da verwenden wir alle möglichen Bilder.

Nein, was wir hier haben, ist eine Aneinanderreihung von Hypothesen, die sich dadurch gegenseitig stützen, dass wir eine Reihe von Experimenten, Beobachtungen und Indizien haben, die das Ganze so zusammenfügen, sodass man sagen könnte, wenn der Zeuge lügt, dann lügt er verdammt gut vor dem Gerichtshof der Naturgesetze. Wobei es da keinen Richter gibt und auch keinen Staatsanwalt und damit auch keine Fragestellung. Hier entsteht alles von allein.

Achten Sie darauf, dass ich die ganze Zeit nichts außer ganz normaler Laborchemie und einfacher Kernphysik angeführt habe.

Ich weiß, es war niemand dabei, aber wir haben gute Gründe für die Annahme, dass unser Planet Erde zwar etwas ganz Grandioses ist, aber möglicherweise keine Ausnahme. Wir arbeiten mit ganz normalen empirischen Fakten. Empirische Hypothesen müssen an der Erfahrung scheitern können, das ist historisch immer ein Problem. Aber im Rahmen dieser Hypothesenüberprüfung ist die Frage nach dem Ursprung des Lebens auf der Erde keine Frage, bei der man stöhnt und nichts damit zu tun haben will. Im Gegenteil. Das können wir ganz ordentlich behandeln. Alles haben wir allerdings noch nicht erklärt – Gott sei Dank. Das werden wir wahrscheinlich auch nie. Es gibt immer Lücken, aber diese Lücken sind kein zwingender Grund, Gott ins Spiel zu bringen.

Natürlich kann das große Ganze zu einer theologischen Diskussion führen. Wie heißt es so schön, »Gott hat die Welt so gemacht, dass sie sich selbst macht.« Eine großartige Vorstellung, ein Universum, das gewollt ist und eben deswegen Eigenschaften einer Selbstorganisation haben kann. Aber das ist eine ganz andere Geschichte.

Kommen wir zurück zu unseren Prokaryonten. Die haben über lange Zeit das Verfahren der Energieumsetzung benutzt. Mir fällt da sofort die alkoholische Gärung ein. Ein Verfahren, das Energie freisetzt. Irgendwann hat es aber nicht mehr gereicht. Oder andersherum gesagt, irgendwann haben einige dieser Bakterien angefangen, ein höchst giftiges Gas freizusetzen. Etwas, was in ihrer Umgebung alles gekillt hat, Sauerstoff! Den Bakterien ist es gelungen, das Licht des Sterns, der damals noch keinen Namen hatte, weil es einfach noch niemanden gab, der ihm einen Namen hätte geben können, also das Licht dieses Sterns so zu verwenden, dass in ihnen Zucker freigesetzt wurde. Besser gesagt, Zucker wurde aufgebaut und dazu noch andere Stoffe. Dabei wurde Sauerstoff frei.

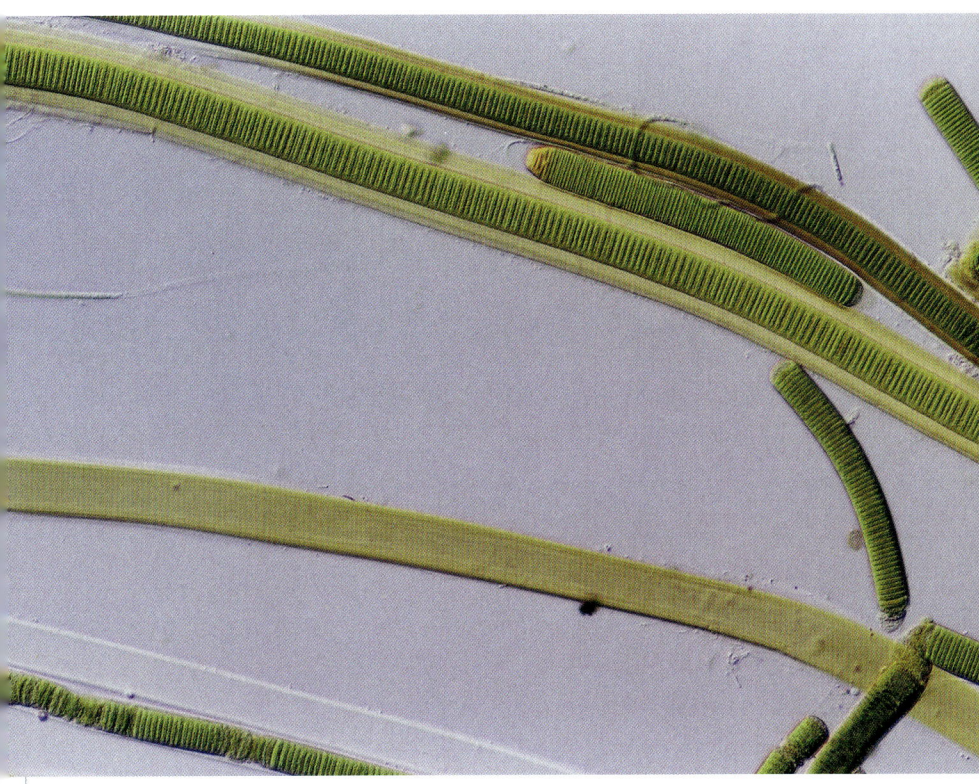

Cyanobakterien, hier als Feuertang, waren die ersten Lebewesen auf der Erde, die sich für das Sonnenlicht erwärmen konnten. Die Cyanobakterien haben die Photosynthese auf der Erde eingeführt. Sie wandelten die Energie der Sonne in Zuckermoleküle und in Sauerstoff. Dieser wurde von der Umgebung sofort als etwas erkannt, mit dem es sich chemisch reagieren lässt. Für alle Lebewesen, außer diesen Sauerstoffproduzenten, war der Sauerstoff aber erst einmal ein tödliches Gift. Es kam zum größten Massenaussterben, das das Phänomen Leben auf dem Planeten Erde je erlebt hat. BILDANCHWEIS: NASA

Atmen Sie ruhig tief ein. Wir sind ja alle Atmer, Sauerstoffatmer. In uns wird irgendwie diese Sauerstoffatmung umgesetzt. In den Zellen regeln das die Mitochondrien. Die waren übrigens ihrerseits auch einmal Bakterien. Vielleicht haben Sie schon davon gehört, es gibt Mitochondrien-RNA, das heißt, da ist ein Erbgut drin. Anhand dieser Mitochondrien-RNA kann man die Mutterlinien der Menschheit nachverfolgen. Es gibt genau sieben, eine großartige Geschichte.

Aber zurück zu unseren Prokaryonten. Die haben also angefangen, Sauerstoff freizusetzen. Und das im Wasser. Jetzt stellt sich die Frage, kommt der Sauerstoff im Wasser gleich raus in die Atmosphäre oder passiert da zwischendurch noch etwas?

Genau, da war noch was. Eine wunderschöne Geschichte. Es rostete das Eisen. Gebänderte Eisenerze entstanden, und das in kilometerdicken Flözen. Wenn Sie mal in Australien sind, können Sie sich das bei Tageslicht anschauen. Kilometerdicke Eisenvorkommen sind damals entstanden. Eisen oxidierte und lagerte sich in immer neuen Schichten auf den Meeresböden ab. Das ganze Eisen im Wasser verrostete und »fiel aus«. Ungefähr 1,5 bis 2 Milliarden Jahre lang.

Als diese »Bended Iron Formation«, kurz BIF, nach rund 2 Milliarden Jahren beendet war, machte es Blupp! Blupp! Blupp! Der Sauerstoff perlte in die Atmosphäre. Damit änderte sich alles von Grund auf. Während sich die Meere langsam von Soda in Kochsalz verwandelten, wurde ganz langsam immer mehr Sauerstoff in die Atmosphäre eingebracht. In diesem dissipativen Nichtgleichgewichtssystem, diesen merkwürdigen chemischen Fabriken wurde immer mehr Nahrung aufgenommen und in Treibstoff für den Organismus verwandelt. Es passierte immer mehr, je mehr Sauerstoff die Atmosphäre anreicherte.

Die Photosynthese betreibenden Bakterien fingen an, den Planeten zu verwandeln. Aus dem ehemals rotglühenden, von einer undurchdringlichen Wolkendecke umgebenen Planeten wurde endlich der, den unsere Astronauten von Apollo 8 1968 zum ersten Mal in voller Schönheit gesehen haben: Earthrise!

EARTHRISE
Aufgenommen am 24. Dezember 1968
von Apollo 8 beim Flug um den Mond.
BILDNACHWEIS: NASA

Wahrscheinlich reisen erst seit dieser Zeit überhaupt Außerirdische zu uns. Vorher war die Erde nur ein Drecksplanet wie alle anderen. Aber jetzt auf einmal, ja... »The Big Blue«, wie das so schön heißt. Kennen Sie noch »The Big Blue«? Das war früher eine Firma, die hieß IBM. Die hat tatsächlich behauptet, kein Mensch brauche Personal Computer. PCs, Sie wissen schon.

Also, die Ozonschicht war da, und der Sauerstoff hatte eine überragende Bedeutung gewonnen. Er tat, was in dieser Form keiner konnte, er oxidierte. Das ist eine Energiequelle ersten Ranges. Damit war alles klar. In dieser Sauerstoffatmosphäre konnte sich Leben entwickeln.

Wenn wir die gesamte Erdgeschichte in ein Jahr zusammendampfen, dann sind wir jetzt beim 17. November so gegen 16 Uhr. Denn jetzt geht es richtig zur Sache! Endlich passiert mal was. Im Wasser bilden sich Vielzeller mit Skeletten. Die können alle anderen Vielzeller ohne Skelette in sich aufnehmen. Dadurch werden sie größer und erfolgreicher. Das spricht sich rum. Auffressen von anderen scheint ein erfolgreiches Verfahren zu sein. So entstanden die ersten Fleischfresser, während gleichzeitig Heerscharen von Bakterien nach wie vor ihrem Job nachgingen, eben Sauerstoff zu produzieren. So ist für das Ozon immer genügend Sauerstoff in der Atmosphäre.

Sie wissen, Ozon ist ein Nichtgleichgewichtsmolekül. Wenn da nicht ständig Sauerstoff nachgeliefert wird, dann geht es kaputt. Irgendwann waren so viele Viecher im Wasser, dass die ersten die Fühler ausgestreckt haben, um zu schauen, ob es an Land vielleicht angenehmer und bequemer wäre. Zumindest war es menschenleer. Die Pflanzen waren die mutigsten, die vor den beengten Zuständen im Wasser flohen. Sie breiteten sich auf dem Land aus. Das war eine friedliche Bewegung: »Occupy the Land« hieß es damals. Diese Fressgier im Wasser war für zarte Seelen eine Zumutung.

Jetzt müssen Sie sich mal überlegen, was das für Organismen bedeutet hat, die es gewohnt waren, in reiner Flüssigkeit vor sich hin zu schweben. Auf einmal müssen sie an Land dafür sorgen, dass sie ihre Körperflüssigkeit nicht verlieren. Sie mussten auf einmal Schutzzellen bilden, wie man das bei den Baumstämmen gut sehen kann. Da gibt es zunächst Zellen, die dafür sorgen, dass die Leitungen in so einem Organismus vor Verdunstung geschützt sind. Jetzt auf einmal musst du auch schauen, wo du dein Futter, die Nährstoffe, die eben noch in Hülle und Fülle zur Verfügung standen, herkriegst. Vielleicht über so was wie Wurzeln?

Am Anfang bevölkerten tatsächlich die Pflanzen das Land. Ungefähr vor 450 Millionen Jahren sind die ersten Pflanzen an Land gegangen, und es entstand eine gewaltige Biomasse. Alle Zonen wurden besiedelt. Da durfte es ruhig auch etwas wärmer, trockener und höher sein. Dann folgten die Tiere. Man kennt die Bilder, wie Lurche an Land kriechen und ihnen langsam so etwas wie Beine und äußere Gliedmaßen wuchsen. Den Rest brauche ich Ihnen nicht mehr zu erzählen. Es folgen all diese Viecher im Trias, Kreide, Jura. Zwischendurch ist eine Geschichte passiert, die war brenzlig.

Vor 354 bis 296 Millionen Jahren, das Karbon-Zeitalter. Da hatte die Atmosphäre statt der heutigen 21 Prozent Sauerstoff satte 35 Prozent. Es gab Viecher, die man sonst nur aus Harry-Potter-Geschichten kennt. Riesenspinnen, zwei Meter große Skorpione und Tracheenatmung wo man hinsah. Die war zu dem Zeitpunkt sehr erfolgreich. 35 Prozent Sauerstoff, das heißt aber auch, die Feuerwehr war dauernd unterwegs, wenn es sie denn schon gegeben hätte. Es brannte an allen Ecken und Enden wie verrückt. Die Biomasse ging also wieder zurück, damit auch die Sauerstoffproduktion. Das Ganze hat sich in der Folge auf die heutigen 21 Prozent eingependelt.

Brontosaurus ist einer der am besten bekannten Sauropoden. Der Riese aus der Zeit des Oberjura hatte einen langen Hals und einen langen, peitschenartigen Schwanz. Er brachte ein Gewicht von rund 30 Tonnen auf die Waage. Wie alle Sauropoden war er ein Pflanzenfresser.

BILDNACHWEIS: Charles Robert Knight, wikimedia, gemeinfrei

Wozu die Evolution fähig war, zeigen die Dinosaurier. Es gab da diese Brontosaurier-Typen, bis zu 35 Meter lang und teilweise sogar mit zwei Gehirnen. Die waren wohl recht hilfreich, wenn hinten einer in den Schwanz gebissen hat. Bis das Gehirn das vorn am Kopf mitgekriegt hat, war hinten schon die Hälfte abgefuttert.

Also haben sich die Sorten durchgesetzt, die hintenherum in der Sensorik empfindlicher waren. Sensorik, die kontrolliert und gesteuert werden soll, hat tatsächlich so was wie einen Gehirncharakter.

Wie man überhaupt sagen muss, ich hätte das alles ganz anders erzählen können, mehr von den Organisationsprinzipien her, wobei man sich mal überlegen kann, wie kommt die Selbstregulierung eines Organismus überhaupt zustande? Das ist die sogenannte Homöostase. Also, wie kann es sein, dass ein Lebewesen seine Parameter in dem Bereich hält, in dem es auch tatsächlich leben kann? Das ist eine großartige Geschichte.

Wenn Sie zwischendurch in den Spiegel gucken, schauen Sie sich tief in die Augen. Lieben Sie sich, das ist großartig! Sie sind der Hammer, der absolute Hammer! Alles ist toll, was mit uns passiert, damit Temperatur, Blutzucker, Säuregehalt, Kohlendioxidgehalt und vieles Andere in dem Bereich ist, in dem wir leben können. Schon auf der allerkleinsten zellulären Ebene geht die Post ab. Dieser Überlebenswille, der da erkennbar wird. Wie macht die Natur das? Indem sie eben Sensoren einbaut, das heißt, wir bewerten pausenlos die Entwicklung in unserer Umwelt. Diese Sensorik lässt uns reagieren und sogar Vorhersagen machen, wie Dinge sich entwickeln. Das hat insgesamt bei den Sauriern dann auch zu diesen massigen Viechern geführt. Aber das XXXL-Zeitalter ist dann vor 65 Millionen Jahren zu Ende gegangen. Die Gefahr aus dem Weltall. Ein Impaktor – Sie wissen schon.

STAMMBAUM DES HOMO SAPIENS

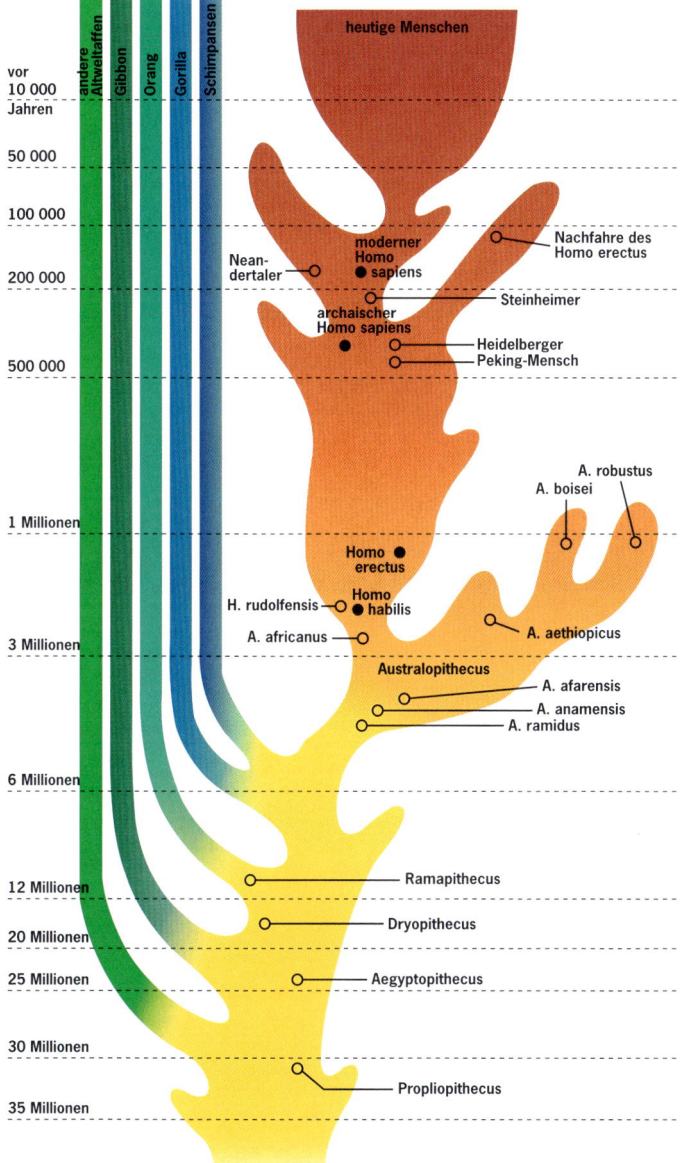

andere Altweltaffen
Gibbon
Orang
Gorilla
Schimpansen

heutige Menschen

vor 10 000 Jahren

50 000

100 000

Nachfahre des Homo erectus

Nean-dertaler

moderner Homo sapiens

200 000

Steinheimer

archaischer Homo sapiens

Heidelberger
Peking-Mensch

500 000

A. robustus

A. boisei

1 Millionen

Homo erectus

Homo habilis

H. rudolfensis

A. aethiopicus

A. africanus

3 Millionen

Australopithecus

A. afarensis

A. anamensis

A. ramidus

6 Millionen

12 Millionen
Ramapithecus

20 Millionen
Dryopithecus

25 Millionen
Aegyptopithecus

30 Millionen

Propliopithecus

35 Millionen

161

Wie ist es dann weitergegangen? In der Zwischenzeit, also vor ungefähr 200 Millionen Jahren, war so ein kleines Spitzmäuschen auf die Welt gekommen. Daraus entsprang alles, was säugetiertechnisch auf diesem Planten so gefleucht ist. Im Tertiär, also bis vor 2,6 Millionen Jahren, waren schon alle möglichen Säugetiere auf diesem Planeten unterwegs.

Wir gehören zur Ordnung der Primaten, Unterordnung Trockennasenaffen, Familie der Menschenaffen. Wir sind zuallererst einmal Primaten, dann kommen die Trockennasenaffen. Wunderbar. Vor sieben Millionen Jahren muss mit diesen Trockennasenaffen irgendwo in Afrika etwas passiert sein.

Wir hatten angefangen mit: Prokaryonten, Mehrzeller, Eukaryonten. Das waren diejenigen, die den Planeten durch das Phänomen des globalen Lebens massiv verändert haben. Alle Lebensräume wurden irgendwie besiedelt. Und dann kamen wir. Vor rund 500.000 Jahren. Es gibt zwar von Max Frisch so eine schöne Erzählung, »Der Mensch erschien im Holozän«, das stimmt aber so nicht. Der Mensch erschien schon viel früher im Pleistozän. Das Holozän begann vor ungefähr 12.000 Jahren. Da fingen unsere Altvorderen bereits mit der Landwirtschaft an. Den Menschen gibt es aber schon viel, viel länger. Unsere Vorfahren sind aus Afrika losgewandert.

Ich weiß nicht, ob Sie sich noch an die Mitochondrien erinnern? Keine Bange, ich krieg alle Fäden wieder zusammen. Mitochondrien-RNA. Es gibt nur sieben Mutterlinien. Wenn wir tatsächlich 500.000 Jahre alt wären, so erzählen uns die Genforscher, müsste es eigentlich viel mehr Mutterlinien geben. Warum nur sieben? Diese sieben Mutterlinien führen in eine Zeit von vor ungefähr 70.000 Jahren zurück. Da ist in Ostafrika offenbar etwas passiert. Es sind nur noch ein paar von uns übrig geblieben. Vorher müssen es mehr gewesen sein. In Indonesien war ein

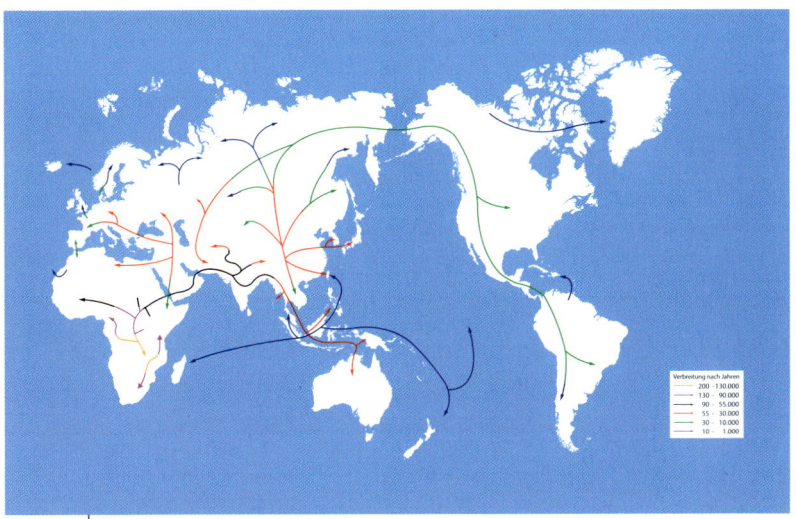

DIE VERBREITUNG DES HOMO SAPIENS ÜBER DIE ERDE

Die Verbreitung des Homo sapiens über die Erde begann in Afrika. Archäologische Befunde und die Genlinien belegen, zuerst wanderten die Menschen in den Nahen Osten (90.000 bis 55.000 Jahren) dann nach Südasien und vermutlich vor etwa 50.000 bis 60.000 Jahren nach Australien. Dabei folgten sie, wie schon in Afrika, dem Verlauf der Küsten.

Erst später (30.000 bis 10.000 Jahre) wurden Zentral- und Ostasien, Nord- und Südamerika sowie Europa besiedelt. Bis vor wenigen Tausend Jahren teilten die modernen Menschen dabei ihren Lebensraum mit weiteren Arten aus der Gattung Homo, in Europa etwa mit den Neandertalern. Die früher verbreitete Ansicht, wonach Homo sapiens sich auf mehreren Kontinenten getrennt voneinander aus Homo erectus entwickelte (»multiregionaler Ursprung des modernen Menschen«), kann heute als widerlegt gelten.

Der Homo sapiens besiedelte nicht nur alle Kontinente, sondern ihm gelang es in einzigartiger Weise, fast alle Ökosysteme der Erde zu besiedeln. Ein Universallebewesen, das sich selbst unter harschen, lebensfeindlichen Bedingungen behaupten konnte: Ob im ewigen Eis des Nordens, in den tropischen Regenwäldern rund um den Äquator, ob in der Sahara oder im australischen Outback, im Hochland der Anden und des Himalaja oder auf den Inseln des Südpazifiks.

Supervulkan explodiert, Toba. Der Ascheausstoß hat vor 72.000 Jahren auf unserem Planeten eine solche Abkühlung verursacht, dass fast jeder Homo sapiens sein Leben ausgehaucht hat. Da sind vielleicht noch 1000 Menschen übrig geblieben. Sie stellen die sieben Mutterlinien, aus denen alles das geworden ist, was auf diesem Planeten heute an Menschen lebt.

Immerhin an die 7,5 Milliarden, die sich über die fünf Kontinente verteilen. Vor ungefähr 12.000 bis 15.000 Jahren wurde Amerika besiedelt, von Alaska runter bis nach Südamerika. Diese globale Ausdehnung ist natürlich schon etwas Besonderes, das hat die Welt verändert.

Im Mittelpunkt der heutigen Debatte steht das sogenannte Anthropozän, das Erdzeitalter des Menschen. Wir sind eine Spezies auf dem Planeten Erde geworden, die selbst in geologischen Dimensionen Veränderungen hervorruft. Wir belasten die Atmosphäre mit sehr viel Treibhausgas, nutzen fast die gesamte Landfläche, wo immer es etwas zu graben und zu pflanzen gibt, und wir fischen die Meere leer. Kurzum, wir verändern den Planeten Erde ganz gewaltig. Und das in allen Bereichen. Wir schaffen uns Lebensräume, in denen kein anderes Säugetier leben kann. Durch eine ganz neue Form von Evolution können wir uns in neue Räume vorarbeiten. Unter Wasser funktioniert das genauso wie in der Luft. Selbst können wir zwar nicht fliegen, aber wir bauen Maschinen, die uns abheben lassen. Wir können nicht besonders schnell laufen, aber konstruieren Maschinen, die schneller unterwegs sind als irgendein Lebewesen auf dem Planeten.

Es ist also etwas Neues passiert. Neben der biologischen hat sich eine kulturelle Entwicklung durchgesetzt und positioniert. Das heißt, mit unserem Erkenntnisapparat zwischen den Ohren ist es uns gelungen, ganz wesentliche Einsichten über den Aufbau der Welt gezielt für unsere Interessen und zu unserem Nutzen einzusetzen. Dabei verhalten wir uns genauso wie die

guten, alten Prokaryonten und Eukaryonten. Wir sorgen uns zuallererst um die wichtigsten Dinge im Leben. Also Nahrung organisieren, diese verspeisen und diese Ressourcen in Treibstoff
für den eigenen Organismus zu verwandeln. Wir verhalten uns
genauso wie alle Lebewesen auf diesem Planeten.

Wir gehören zur Familie der Menschenaffen, da hilft auch
kein Doktortitel. Mit dem Phänomen des Bewusstseins und des
Geistes sind allerdings auf einmal – ja, wie soll man sagen –
Möglichkeiten aufgetaucht, die sonst kein anderes Tier vorzu-
weisen hat, nämlich die Frage, soll ich wirklich das tun, was mir
die natürlichen Triebe vorgeben, oder sollte ich mich domesti-
zieren?

Kulturelle Evolution hat sehr viel mit Domestikation zu tun.
Eigentlich eine gute Eigenschaft. Deshalb schlagen wir jemandem, mit dem wir in Streit liegen, nicht sofort den Schädel ein.
Wir fangen erst einmal an zu argumentieren. Sprache statt Keule.
Schon allein das Phänomen, dass wir einen Kehlkopf haben, der
tief genug liegt, um Laute von uns geben zu können, ist eine
ganz wichtige Voraussetzung für unseren kulturellen Sprung.

Schauen wir uns die letzten 500 Jahre an. Die europäische
Kultur entdeckte alle anderen Kontinente auf diesem Planeten.
Keine andere Kultur war bis dahin auf diese Idee gekommen.
Europa ist nie entdeckt worden. Die Chinesen sind zwar mal mit
einer riesigen Dschunken-Flotte bis Ostafrika gesegelt. Das war
es dann aber auch. Sie haben irgendwann die Ruder umgelegt
und sind wieder zurück nach Hause. Nie mehr unternahmen sie
eine Expeditionsreise. Weder aus Amerika oder Afrika ist irgendeine Völkerschaft losgefahren. Nur im Pazifik waren die Maoris
mit ihren Auslegerbooten beim Inselspringen aktiv. Ganz anders unsere verrückten Entdecker und Eroberer aus Spanien und
Portugal. Unter den Bedingungen, wie die ihre Weltreisen gemacht haben, würde man heute keinen dazu kriegen, die Segel

zu setzen. Heute wissen wir, dass wir alle in einem Boot sitzen. Diese zerbrechliche Nussschale heißt Erde. Dieses wunderbare Foto, das die Apollo-8-Astronauten im Dezember 1968 aus dem Mondorbit gemacht haben, ist ein Symbol dafür geworden. Eine Kugel übrigens, auch das wissen wir heute.

Wir sind hier. Wir sind die Bewohner dieses blauen Planeten. Wir sorgen hoffentlich dafür, dass dieses Raumschiff noch lange Zeit bewohnbar bleibt. Eine Heimat für das Leben. Soll heißen, zu einer kulturellen Evolution zählen nicht nur all die Triumphe, die unser Erkenntnisapparat mithilfe der empirischen Wissenschaften hervorgebracht hat. Es ist noch eine andere Einsicht aufgetaucht. Es gibt nicht nur die vorwärtsstürmende Sicht des Prometheus, der mit seinem technischen und wissenschaftlichen Fortschritt, sondern auch die Denkrichtung des Epimetheus, der zurückschaut. Er stellt immer wieder die Frage, sind wir eigentlich da, wo wir hin wollten, oder haben wir zwischendurch die Richtung verloren?

Er ist gewissermaßen die Spaßbremse. Eindringlich mahnt er, hört mal, müssen wir das eigentlich machen? Sollten wir nicht vielleicht den Ball ein bisschen flacher halten? Die Büchse seiner Frau Pandora nicht öffnen? Sollten wir die Ressourcen nicht mehr schonen? Man denke an die ersten Bücher, die bereits in den 1970er-Jahren geschrieben worden sind, »Die Grenzen des Wachstums«[9], »Ein Planet wird geplündert«[10]. Das markierte den Beginn einer ganz neuen Einsicht des Menschen, der es bis dahin gewohnt war, einfach nur immer zuzulangen und weiter Wachstum zu produzieren.

---

9 *Die Grenzen des Wachstums*, Bericht des Club of Rome zur Lage der Menschheit, Dennis Meadows, Deutsche-Verlags-Anstalt, 1972

10 *Ein Planet wird geplündert*, Herbert Gruhl, Fischer Verlag, 1982

Wir sind heute mithilfe der empirischen Wissenschaften in der Lage, die Umstände auf unserem Planeten für alle Lebewesen so zu gestalten, dass sie gerecht sind und dass es friedlich bleibt, und alle genügend haben. Ich glaube, die ganze Geschichte des Kosmos erzählt uns eigentlich nur eins: Was für ein Aufwand, dass das alles entstehen konnte!

Jetzt vermasseln wir bitte doch nicht alles!

ENDE

ANHANG

Auszüge aus Harald Leschs »Uni Auditorium«-Reihe

Zwei Welten in einem Universum: Die Welt des ganz Großen, die in 26 Zehnerpotenzen (10^{26}) bis an den Rand unseres bekannten Weltalls reicht – und die Welt des ganz Kleinen, das Reich der Quanten, die all das uns Vertraute auf den Kopf stellen. Harald Lesch macht in zwei Vorlesungen der Reihe »Uni Auditorium« näher damit vertraut. Eine Vertiefung der Themen, die er in seiner »Kosmologisch«-Trilogie so nicht vornehmen konnte.

EINFÜHRUNG IN DIE RELATIVITÄTSTHEORIE

Die Relativitätstheorien gehören zu den herausragenden Leistungen der Physik des 20. Jahrhunderts. Durch Albert Einstein sind unsere Vorstellungen von Raum, Zeit und Materie grundlegend revolutioniert worden.

Die Einführung in dieses Thema behandelt die Eckpfeiler der Theorien und beschreibt in leichter Art und Weise wesentliche Effekte und Konsequenzen. Es ist eben nicht alles relativ, sondern dann, und nur dann, wenn man zwei Uhren miteinander vergleicht und wenn man eben nicht in ein Schwarzes Loch fällt. In diesem Fall wäre einem alles relativ egal.

Eine Frage des Bezugssystems

Einführung in die Relativitätstheorie – wissen Sie was, im Grunde genommen muss uns die Relativitätstheorie gar nicht interessieren. Warum regen sich alle so darüber auf, was da für Konsequenzen über die Welt insgesamt abzuleiten seien? Darüber kann man sich als Otto Normalverbraucher eigentlich nur wundern. Für Sie und für mich ist es eigentlich völlig egal, wie diese Relativitätstheorie funktioniert. Es geht um Geschwindigkeiten, die wir sowieso nie erreichen. Lichtgeschwindigkeit, 300.000 Kilometer pro Sekunde, ich bitte Sie! Wir sind ja schon froh, wenn wir heute auf der Autobahn mal 120 fahren können. Was sind denn das für Geschwindigkeiten, von denen da die Rede ist? Es wird noch viel schlimmer: Wenn man diese Geschwindigkeiten in Energien umrechnet, landet man bei Temperaturen von zehn Milliarden Grad Celsius. Bitte? Was hat denn das mit uns zu tun? Wir sind doch Lebewesen mit einer Körpertemperatur von 36,5 Grad Celsius und fühlen uns wohl in einer angenehmen Umgebung von vielleicht 25 Grad Celsius und einer Luftfeuchtigkeit von 60 Prozent. Warum also Relativitätstheorie? Wieso müssen diese Physiker mit ihren Theorien so an den Rand des – Wahnsinns will ich nicht sagen, sondern der Anschaulichkeit gehen? Da kann man sich überhaupt nichts mehr vorstellen. Außerdem kommen ganz merkwürdige Ergebnisse dabei heraus.

Wie kommt ein Mensch, nämlich Albert Einstein, dazu, zu Beginn des 20. Jahrhunderts Theorien zu formulieren, die unsere gesamte Vorstellung von den Worten Raum und Zeit praktisch in ihre Einzelteile zerschlagen haben? Am Ende kommt etwas dabei heraus, bei dem man sagen muss: »Wenn wir uns verabreden, mein Lieber, dann bitte schön sollten wir genau angeben, in welchem Bezugsystem.« Ach, das verstehen Sie nicht? Lesen Sie weiter, und Sie werden es verstehen. Fangen wir ganz von vorn an, wie es sich gehört.

Setzen Sie sich einmal in einen Zug. Mit dem fahren Sie auf einer Hochgeschwindigkeitsstrecke 300 Kilometer pro Stunde schnell. Sie sehen, wie draußen die Landschaft an Ihnen vorbeizieht, wunderbar. Dann kommt Ihnen ein Zug entgegen, natürlich nicht auf demselben Gleis, das ist klar, sondern wirklich parallel auf dem Nebengleis. Dieser Zug fährt auch mit einer

Geschwindigkeit von 300 Kilometern pro Stunde. Jetzt eine kleine Rechenaufgabe für Sie: Mit welcher Geschwindigkeit, mit welcher Relativgeschwindigkeit fahren diese beiden Züge aufeinander zu? Na? Also, der eine mit 300 und der andere mit 300 ergeben 600 Kilometer pro Stunde. Das ist halbe Schallgeschwindigkeit. Darauf will ich aber nicht hinaus. Klar, die Geschwindigkeiten addieren sich. Wenn ich jetzt in dem Zug nach vorn gehe, dann werde ich mich noch schneller vorwärtsbewegen, obwohl ich natürlich nicht schneller am Bahnhof ankomme, weil der Zug ein geschlossenes System ist. Wenn diese beiden Züge aufeinander zufahren, ist das eine Relativgeschwindigkeit, weil sich diese beiden Geschwindigkeiten addieren.

Dagegen: Lichtgeschwindigkeit + Lichtgeschwindigkeit = Lichtgeschwindigkeit

Wie wäre es denn jetzt, wenn sich zwei Lichtstrahlen aufeinander zubewegen? Der eine Lichtstrahl bewegt sich mit Lichtgeschwindigkeit, der andere auch. Also müsste die Relativgeschwindigkeit die doppelte Lichtgeschwindigkeit sein. Wenn man das aber macht, stellt man fest, Lichtgeschwindigkeit plus Lichtgeschwindigkeit ergibt wieder nur Lichtgeschwindigkeit. Moment. Da macht man den Versuch noch einmal. Vielleicht hat man sich ja vermessen. Aber am Anfang des 20. Jahrhunderts war klar, die Lichtgeschwindigkeit scheint vom Bezugssystem völlig unabhängig zu sein. Das scheint eine Naturkonstante zu sein. Das hat man überhaupt nicht verstanden. Man hat irrsinnige Versuche gemacht, weil man sich gedacht hat, Licht, das sind elektromagnetische Wellen, und das sei so etwas wie eine Wasserwelle oder eine Schallwelle.

Wasserwellen brauchen Wasser, damit sie diese wellenartigen Phänomene darstellen, Schallwellen brauchen ein
Medium, das den Schall tragen kann, zum Beispiel Luft. Schallwellen brauchen ein Medium. Da hat man sich gedacht, dass
Licht, also elektromagnetische Wellen, eben auch ein Medium
braucht. Da geht es schon los. Ich werde Ihnen dazu ein paar
Anekdoten nahebringen, bevor die Relativitätstheorie von Einstein erfunden wird.

Interferenz

Man überlegte, dass es also ein Medium geben muss, das diese elektromagnetischen Wellen trägt. Das nannte man *Äther*.
Wenn der Äther – zu dessen Eigenschaften komme ich gleich
noch – ein ruhendes Medium ist, das das gesamte Weltall an-
füllt, dann müsste sich die Bewegung der Erde relativ zu diesem Äther messen lassen. Das heißt, wenn ich einen Lichtstrahl
in Richtung der Erdbewegung um die Sonne schicke, also quasi nach vorn, und den mit einem Lichtstrahl überlagere, der
genau senkrecht zur Erdbewegung um die Sonne geht, dann
müsste ich die Addition dieser beiden Geschwindigkeiten messen können. Wenn ich diese beiden Lichtstrahlen überlagere,
dann kommt es zu Interferenzerscheinungen, Beugungsstreifen
gewissermaßen. Interferenz heißt Überlagerung von elektromagnetischen Wellen. Je nachdem, wie ich diese Wellen überlagere, müsste sich das Interferenzmuster verändern. Erinnern
Sie sich noch? Diese beiden Züge.

Die Geschwindigkeitsüberlagerung müsste dann genauso
funktionieren. Ich müsste sehen können, wie sich das Interferenzmuster verändert. Das war der Erwartungswert beim *Mi-
chelson-Morley*-Experiment. Man hoffte, die Bewegung der Er-

de um die Sonne herum tatsächlich zu erkennen. Man schickte den Lichtstrahl nach vorn in ein großes Interferometer. Dieser Lichtstrahl wird an einem Spiegel reflektiert. Man überlagert diesen reflektierten Lichtstrahl mit einem, der senkrecht dazu verläuft. Man hatte also gedacht, wenn ich das jetzt drehe,

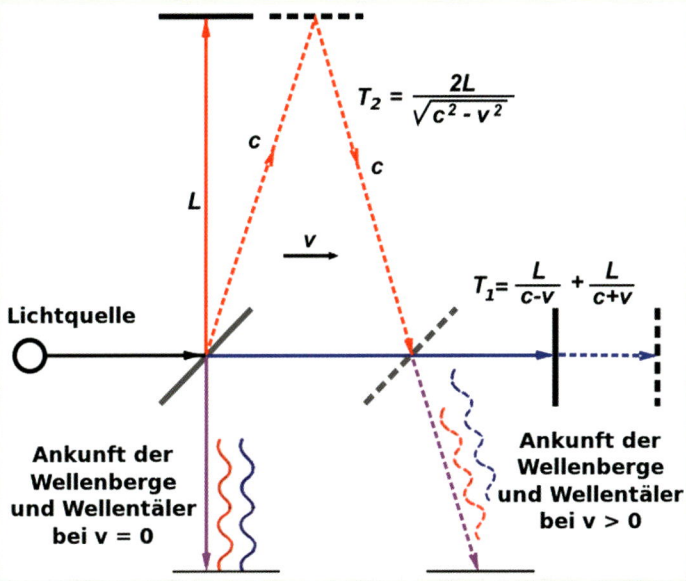

Das Michelson-Morley-Experiment war ein physikalisches Experiment, das vom deutsch-amerikanischen Physiker Albert A. Michelson 1881 in Potsdam und in verfeinerter Form von ihm und dem amerikanischen Chemiker Edward W. Morley 1887 in Cleveland im US-Bundesstaat Ohio durchgeführt wurde.

Der Ansatzpunkt für Michelson und Morley war, die Relativgeschwindigkeit zu messen, mit der sich die Erde durch einen als ruhend angenommenen Äther bewegt. Wie bei einem Flugzeug, das sich durch die Luft bewegt, wäre hier ein nachweisbarer »Ätherwind« zu erwarten, da die Erde sich auf ihrer Bahn um die Sonne mit etwa $v = 30$ km/s = $3 \cdot 10^4$ m/s bewegt (immer noch relativ wenig im Vergleich zur Lichtgeschwindigkeit c von rund $3 \cdot 10^8$ m/s).

Um diesen Effekt zu messen, konstruierte Michelson ein Interferometer mit zwei senkrecht zueinander stehenden Armen. Es gilt als eines der bedeutendsten Experimente in der Geschichte der Physik – ein experimentum crucis.

dann verändern sich auch die Geschwindigkeiten, und dann müsste sich natürlich auch das entsprechende Interferenzmuster hin- und herbewegen. Und was war da? Nichts, gar nichts!

Der erste Einwand kam: Es könnte ja sein, dass sich der Äther gerade so relativ zur Erde bewegt, wie die Erde sich relativ zum Äther bewegt. Dass also quasi der Äther uns gerade mit der Geschwindigkeit anbläst, mit der sich die Erde um die Sonne herum bewegt. Also machte man den Versuch ein halbes Jahr später noch einmal. Dabei kam auch nichts heraus.

Licht – der Informations-Übertragungsmechanismus schlechthin

Man stand vor dem unglaublichen Phänomen, dass sich offenbar die Lichtgeschwindigkeit des Lichts nicht zur Geschwindigkeit der Erde addieren ließ. Da musste was ganz anderes sein. Da musste auf einmal angenommen werden – und jetzt kommt unser Freund Albert Einstein ins Spiel –, dass die Lichtgeschwindigkeit eine Konstante ist, unabhängig von der Bewegung der Quelle des Lichts. Man kann sich das schon ein bisschen vorstellen. Wir sehen uns – das ist ein blödes Beispiel, aber wir sind ja unter uns – einen Verkehrsunfall an. Da fährt ein Auto, und ein anderes kommt ihm entgegen. Sie ahnen schon, was jetzt passieren wird. Sie krachen zusammen. Jetzt stellen Sie sich für einen winzigen Moment vor, dass sich das Licht, die Lichtgeschwindigkeit zur Geschwindigkeit des Autos, das direkt auf uns zukommt, dazuaddieren würde – wir würden den Unfall gar nicht beobachten können. Wir würden etwas völlig anderes sehen. Denn das Lichtsignal dieses Autos wäre ja viel schneller bei uns als das Lichtsignal des anderen Autos. Wir würden gar nicht sehen können, dass die beiden

Autos zusammenstoßen. Merken Sie, an was wir hier rühren? Wir rühren mit der Lichtgeschwindigkeit an den Informationsübertragungsmechanismus schlechthin. Wenn wir etwas von dieser Welt erfahren – wenn es nicht gerade per Telefon ist, was ja auch eine elektromagnetische Welle ist –, ist es normalerweise etwas, was wir sehen können. Die Information »da kommt etwas« hat mit unserer Fähigkeit zu tun, etwas zu sehen. Das ist einer der wichtigsten Sinneseindrücke, die es gibt. Deswegen ist er in der Evolution schon x-mal entwickelt worden. Es gibt ja verschiedene Konzepte von Augen. Das ist alles kein Zufall. Schlussendlich ist die Relativitätstheorie, wie sie später von Einstein entwickelt worden ist, aus der Erfahrung heraus geboren, dass wir eine Theorie brauchen, die ein Phänomen erklären soll. Das zeigt sich so offensichtlich, dass man sagen muss: »Das kann doch gar nicht wahr sein …«

Die spezielle Relativitätstheorie

Die Konstanz der Lichtgeschwindigkeit ist der Ausgangspunkt der speziellen Relativitätstheorie. Einstein beschäftigte sich in der speziellen Relativitätstheorie – die ja nicht so hieß, er hatte sie die »Elektrodynamik bewegter Körper« genannt – ursprünglich mit elektromagnetischen Problemen. Aber das erkläre ich Ihnen gleich.

Inertialsysteme

In der speziellen Relativitätstheorie geht es nur um Bezugssysteme, die sich gleichförmig zueinander bewegen, sogenannte *Inertialsysteme*. Inertialsysteme sind Systeme, in denen – einfach gesagt – alles gut ist. Nimmt man zwei Inertialsysteme, wie würde zum Beispiel die Bewegung eines Körpers in einem Inertialsystem in einem anderen abgebildet?

Auf gut Deutsch: Man braucht mindestens zwei Uhren. Relativitätstheorie ist die Theorie von den vergleichenden Uhren. Nichts ist relativ, wenn es allein ist, das ist logisch. Für die spezielle Relativitätstheorie ist es wichtig, dass man zwei Uhren vergleicht, die sich gleichförmig zueinander bewegen. Da ergibt sich – so kam Einstein darauf – ein hochinteressantes Problem. Ich weiß nicht, ob Sie es wissen: Es gibt ja Ladungen, positive Ladungen, die Protonen im Atomkern zum Beispiel. Negativ sind die Elektronen. Um die Elektronen geht es uns jetzt. Es geht um den elektrischen Strom. Elektrischer Strom wird im Allgemeinen – ich denke, so wird es Ihnen auch gehen – als die Relativbewegung von positiven zu negativen Ladungsträgern empfunden. Und da die Elektronen die leichteren sind – sie sind 1836-mal leichter als die Protonen –, sind es natürlich die Elektronen, die sich bewegen.

Elektrisches und magnetisches Feld

Läuft elektrischer Strom durch einen Draht, ist dieser von einem Magnetfeld umgeben. Eine bewegte Ladung erzeugt ein Magnetfeld. Bewegte Ladung ist genau dieser elektrische Strom. Ruht die Ladung, gibt es nur ein elektrisches Feld. Das ist komisch. Also wenn die Ladung ruht, gibt es nur ein elektrisches Feld, wenn sie sich aber bewegt, dann gibt es ein elektrisches und ein magnetisches Feld. Die ursprüngliche Frage, die Einstein sich in seiner speziellen Relativitätstheorie gestellt hat, war: Woher kommen durch Strom induzierte Magnetfelder? Dafür musste er eine ganz neue Theorie erfinden. Diese speiste sich durch verschiedene Forderungen. Erstens: Die Lichtgeschwindigkeit ist eine Konstante, und zwar in allen Bezugssystemen. Zweitens: Es muss möglich sein, die Naturgesetze – und bei der Elektrodynamik handelt es sich angenommen um Naturgesetze – invariant, also unabhängig vom Bezugssystem zu formulieren. Das ist eine Wahnsinnsforderung. Einstein ist der Meinung gewesen, dass wir Menschen in der Lage sind, Naturgesetze so zu formulieren, dass sie immer und überall im Universum gültig sein werden. Immer. Egal, wie schnell man sich bewegt. Da kam er darauf, dass die Geschwindigkeiten v, die gegen Lichtgeschwindigkeit gehen, die Transformationseigenschaften dieser Inertialsysteme verändern. Dann kann ich nicht mehr sagen, die Gesamtgeschwindigkeit von zwei Zügen v = v1 + v2. Sondern ich muss dann fragen, ab wann erfahre ich denn überhaupt etwas darüber, ob sich eine Lichtquelle bewegt? Mit anderen Worten, die spezielle Relativitätstheorie nimmt zum ersten Mal die Tatsache ernst, dass die Information von einem Punkt bis zu mir eine bestimmte Zeit braucht. Das heißt, ich kann erst dann etwas über etwas erfahren, wenn das Signal bei mir angekommen ist. Vorher kann ich es mir vielleicht vorstellen. Solange ich nicht einen Pieps registriere, weiß ich nichts darüber. Damit hat man die sogenannten *Lorentz-Transformationen* in die Welt gesetzt. Das ist Mathematik.

Ich will das jetzt nicht ausführen, das müsste man richtig vorrechnen. Sie können das zum Spaß mal machen, das ist eine wirklich schöne Sache. Da kann man zeigen, wie toll Mathematik ist. Aber ich will jetzt keine Mathematikvorlesung halten, obwohl es vielleicht auch einmal angebracht wäre, die Potenz dieser unglaublichen Wissenschaft darzustellen. Schlussendlich ist die spezielle Relativitätstheorie eine mathematische Konstruktion unter der Voraussetzung, die Lichtgeschwindigkeit sei eine Konstante und die dazugehörigen Naturgesetze seien invariant. Wenn dabei etwas rauskommt, dann ist es immer und überall gültig. Dazu gehört jetzt nur noch eine Annahme. Die werden wir genau dann noch brauchen, wenn es um den Unterschied zwischen spezieller und allgemeiner Relativitätstheorie geht.

Einstein ging bei der speziellen Relativitätstheorie davon aus, dass die Welt flach ist. Die Winkelsumme des Dreiecks ist immer 180 Grad. Er schaute sich also nichts an, was im weitesten Sinne irgendetwas mit Gravitation zu tun hat. Die spezielle Relativitätstheorie ist somit eine einfache Theorie. Auf den ersten Blick und eigentlich auch auf den zweiten. Sie lässt sich ganz früh im Physikstudium wunderschön vorrechnen und bei einer Vorlesung erklären, da sie in einer Welt agiert, die völlig flach ist, in der die Lichtgeschwindigkeit eine Konstante ist – das spielt nachher bei der allgemeinen Relativitätstheorie noch eine Rolle – und die Naturgesetze invariant sind. Damit legte Einstein los und stellte eine Theorie auf, die jedes Mal, wenn irgendwo auf dieser Welt ein Transformator angeworfen wird, bestätigt wird. Jedes Mal, wenn in diesem Universum irgendwo ein magnetisches Feld induziert wird, könnte Albert Einstein wieder eine Kerbe in den Griff seines Messers schnitzen. Denn jedes Mal, wenn das passiert, kann man haarklein vorrechnen, dass die winzigen Relativgeschwindigkeiten, die Elektronen in einem Leiter relativ zu den Protonen haben, dass diese im Vergleich zur Lichtgeschwindigkeit winzigen Relativgeschwindigkeiten ausschlaggebend für die Erzeugung eines Magnetfelds aus dem Nichts sind. Der Übergang von einer ruhenden Ladung zu einer bewegten Ladung, das Auftreten eines Felds, das Sie alle kennen – das Magnetfeld –, ist der Beweis dafür, dass an der speziellen Relativitätstheorie unglaublich viel richtig sein muss.

Die Effekte der speziellen Relativitätstheorie

Was hat das für Auswirkungen? Man kann jetzt wenigstens verstehen, wie elektrischer Strom funktioniert – mit der Induktion des Magnetfelds durch den elektrischen Strom. Man kann mithilfe der Lorentz-Transformationen auch verstehen, warum sich die Lichtgeschwindigkeit beim Übergang von einem Bezugssystem zum anderen offenbar nicht verändert, also immer eine Konstante ist. Aber was für Effekte hat das jetzt? Ich hatte darüber gesprochen, Relativitätstheorie ist die Theorie des relativen Vergleichs. Relativ ist nur dann etwas, wenn man was miteinander vergleichen kann. Und was vergleicht man typischerweise? Entweder Autos, Schiffe oder Uhren. Bei der Relativitätstheorie geht es um etwas ganz Banales. Es geht nur um einen Uhrenvergleich. Sonst nichts. Mit den Uhren und den Geschwindigkeiten hat man es auch mit dem Längenvergleich zu tun. Also machen wir es kurz und knackig:

1. Wenn ich mich mit annähernder Lichtgeschwindigkeit bewege, werden die Längen kürzer.
2. Die Zeiten werden langsamer.
3. Die Massen werden fürchterlich groß.

Das hat Konsequenzen.

Längenkontraktion

Beginnen wir mit der Längenkontraktion. Das heißt im Grunde genommen nichts anderes, als dass jemand, der von außen eine Länge messen könnte, eine größere Länge feststellen würde als ich, der ich mich mit annähernder Lichtgeschwindigkeit bewege. Nein? Nicht verstanden? Also noch einmal: Wir brauchen zwei – einen, der von außen oder von woanders schaut, und mich. Ich nehme jetzt einfach einmal mich. Ich bin jetzt egoistisch und nehme nur mich. Ich bewege mich mit Lichtgeschwindigkeit. Für mich werden die Längen kürzer, während der von draußen denkt, »meine Güte«. Das ist jetzt nicht sehr anschaulich, machen wir es anders.

Hat die Relativitätstheorie recht, müsste Folgendes passieren: In der Hochatmosphäre unserer Erde, so bei 30 Kilometern, knallt die kosmische Strahlung herein. Das sind schnelle Teilchen, meistens Protonen, auch ein paar Atomkerne sind dabei. Sie treffen auf unsere Atmosphäre. Bei dieser Wechselwirkung werden Teilchen erzeugt. Die *Myonen*. Diese Myonen zerfallen relativ schnell wieder. Mit anderen Worten: Habe ich unten auf der Erde einen Myonen-Detektor, also ein Empfangsgerät für Myonen, erwarte ich eigentlich so gut wie kein Signal. Warum? Weil die Myonen alle in der Atmosphäre schon lange zerfallen sind. Ich kann davon ausgehen, dass hier unten nichts ankommt. Aber das Experiment zeigt, dass jede Menge Myonen ankommen. Was läuft da falsch? Vielleicht stimmt etwas nicht mit der Zerfallszeit des Myons? Wir messen einfach hier unten im Labor die Zerfallszeit des Myons. Die Zerfallszeit ist jetzt bekannt. Danach dürfte das Myon höchstens 800 Meter weit kommen, bis es verschwunden ist. Bitte wie? Vielleicht sind es andere Myonen? Vielleicht werden dort oben andere Myonen erzeugt als die, die wir unten im Labor haben. Das ist aber nicht der Fall. Schlussendlich zeigt sich hier ein Phänomen, das ganz einfach zu erklären ist, wenn man die spezielle Relativitätstheorie kennt. Die Myonen, die in der Hochatmosphäre entstehen, bewegen sich mit 99,99 Prozent der Lichtgeschwindigkeit.

Übrigens, das kann ich Ihnen schon mal sagen, nur dass Sie Bescheid wissen: Alles Massebehaftete im Universum, also mit

einer richtigen Ruhemasse, kann sich nicht mit Lichtgeschwindigkeit bewegen. Es kann nur nahe herankommen.

Zurück zu unseren Myonen. Die Teilchen haben eine endli-
che Ruhemasse, deswegen können die sich eben nicht mit Lichtgeschwindigkeit bewegen, nur mit 99,99 Prozent. Was bedeutet
das jetzt? Wenn ich in die Regularien der speziellen Relativitätstheorie gehe und das da einsetze, also v = 0,999 x c (c =
Lichtgeschwindigkeit), stelle ich fest, für diese Myonen, also für
diese Teilchen, die sich mit annähernd Lichtgeschwindigkeit da
oben in der Atmosphäre bewegen, hat sich die gesamte Höhe
der Atmosphäre, also 30 Kilometer, durch den relativistischen
Effekt derartig verkürzt, dass sie, wenn sie hier unten ankommen, wo ich mit meinem Myonen-Empfangsgerät stehe, noch
gar nicht zerfallen sind. Genau deshalb kann ich sie hier unten
messen. Für das Myon sind die 30 Kilometer so lang wie 800
Meter für uns. Die Länge hat sich enorm verkürzt. Das ist ein
Effekt der Relativitätstheorie, dass das Teilchen gewissermaßen
andere Längen – seien Sie vorsichtig mit dem Wort, ich sag es
aber genau so, wie ich es meine – »erlebt«. Nichts an der Höhe
der Atmosphäre hat sich wirklich verändert. Aber das Teilchen
»erlebt« diese Länge anders. Das lässt sich natürlich mit der Aussage der Uhren zusammenbringen. Der Uhrenvergleich bei relativistisch bewegten Uhren fällt immer zugunsten der relativistisch bewegten Uhr aus. Die geht einfach viel, viel langsamer.
Nicht, dass die Uhr langsamer geht, aber wenn man die beiden Uhren miteinander vergleicht, dann hat die relativistisch
bewegte Uhr, die sich also mit annähernd Lichtgeschwindigkeit bewegt, etwas ganz anderes »erlebt« als die nicht relativistisch bewegte Uhr. Das ist im Grunde auch die Aussage bei den
Myonen. Wie lange brauchen die? Nun, sie bewegen sich mit
99,99 Prozent der Lichtgeschwindigkeit. Deswegen kann man
es ja ausrechnen. Sie leben genau die Zeit, die sie auch im

Labor leben. Die Zerfallszeit ist die gleiche. Nur für das Myon hat sich die Zeit gewissermaßen verlängert. Die Uhr tickt langsamer. Was ist denn das mit den Uhren? Wenn ich jetzt eine Uhr nähme und bewegte sie mit Lichtgeschwindigkeit, würde die dann langsamer gehen oder was? Das hängt davon ab, ob die Uhr an Ihrem Arm ist oder nicht. Mit anderen Worten, bewegen Sie sich mit der Uhr, dann kriegen Sie davon gar nichts mit. Sie sind im selben Bezugssystem wie die Uhr. Sie kriegen nichts davon mit, denn als Lebewesen sind wir alle Zeitmessgeräte. Das merken wir jeden Morgen, also nicht jeden Morgen, aber manchmal. Der Blick in den Spiegel verrät ja viel mehr über das Universum, als wir alle glauben. Sie wissen, was ich meine? Tragen wir die Uhr, haben wir die gleiche Zeit wie die Uhr. Wenn wir aber die Uhr nicht an uns tragen, wenn wir uns nicht mit der gleichen Geschwindigkeit wie die Uhr bewegen und von außen auf diese Uhr schauen, wie kriegen wir dann mit, wie die Uhr tickt? Das müssen wir ja irgendwie beobachten können.

Zeitdilatation

Das können wir am besten mithilfe von elektromagnetischer Strahlung. Gehen wir davon aus, die Uhr würde regelmäßig piepsen. Genau das kann man messen. Wenn man eine Uhr relativistisch bewegt, dann stellt man fest, dass der Sekundentakt, piep-piep-piep, immer länger wird, je schneller die Uhr sich bewegt. Hier geht es also gar nicht darum, dass die Welt sich insgesamt verändert hat, sondern es geht nur darum, dass das Erlebnis der verschiedenen Uhren unterschiedlich ist. Die Höhe der Atmosphäre ist immer noch 30 Kilometer. Für uns. Wenn wir so schnell wären wie die Myonen und aus 30 Kilometern Höhe mit annähernder Lichtgeschwindigkeit herabstürzten, würden wir merken, dass das keine 30 Kilometer sind. Für uns wären es dann nur 800 Meter. Zum Beispiel könnte man sich auch überlegen, mit einem Affenzahn durchs Weltall zu fliegen. Da werden die Längen kürzer, die werden viel, viel kürzer, meine Güte. Dumm ist dabei nur, dass auch die Zeiten immer länger und länger werden, für die anderen, für uns natürlich nicht. Wir haben ja unsere Erlebnisuhr am Arm.

Fliege ich zum Beispiel mit einem Raumschiff mit annähernder Lichtgeschwindigkeit durchs Universum, kann ich das Zuhause niemandem mehr erzählen. Während auf meiner Uhr nur sechs Monate vergangen sind, habe ich eine Entfernung von ein paar Lichtjahren hinter mich gebracht. Aber es hat nur sechs Monate gedauert, weil ich die Länge, die von der Erde aus betrachtet fünf Lichtjahre beträgt, nur als etwas erlebt habe, was vielleicht nur sechs Lichtmonate lang ist. Diese Länge, die zu einer Zeitveränderung bei mir geführt hat, bedeutet auf der Erde eine unglaublich lange Zeit.

In diesem Zusammenhang verweise ich gern auf ein Rendezvous. Wenn man in der Relativitätstheorie ein Rendezvous verabredet, muss man vorsichtig sein. Zuhause sind 6000 Jahre vergangen. Da kennt mich keiner mehr. Ich habe keine Freunde mehr, wenn ich zurückkomme, keine Bekannten, keine Heimat mehr, nichts. Seien Sie also vorsichtig, wenn Sie auf einen Außerirdischen treffen. Die Leute haben meistens schlechte Laune.

Die Invarianz der Naturgesetze, die Einstein für die Relativitätstheorie gefordert hat, gilt natürlich auch für den Außerirdischen. Wenn also die Relativitätstheorie nicht völliger Unsinn ist, sondern vielleicht sogar richtig, wenn sie überall im Universum gültig ist – wir sind immer noch bei der speziellen Relativitätstheorie –, gelten diese Gesetzmäßigkeiten auch für den Außerirdischen. Wenn er hier auf der Erde angekommen ist, wenn er ein paar Monate mit Lichtgeschwindigkeit geflogen ist, hat er Zuhause keine Verwandten mehr. Er hat niemanden mehr, zu dem er sagen kann: »Mensch, du, ich habe hier einen Planeten entdeckt, du glaubst es nicht, da gibt es Lebewesen, die fahren unglaublich tolle Autos. Die machen ganz tolle Dinge, verwüsten ihren Planeten, ganz irrsinnig hier.« Also seien Sie vorsichtig, das ist gewissermaßen eine Konsequenz der Relativitätstheorie. Wenn Sie auf Außerirdische treffen, haben die meistens keinen Kontakt mehr nach Hause. Können sie auch gar nicht haben, wie denn auch. Informationen breiten sich im Universum höchstens mit Lichtgeschwindigkeit aus.

Die spezielle Relativitätstheorie sagt uns etwas über die Grenzen der erkennbaren Wirklichkeit. Solange ich in dieser erkennbaren Wirklichkeit drinstecke – das tue ich natürlich immer, solange ich lebe –, werden die Informationen, mit denen ich etwas anfangen kann, nur mit Lichtgeschwindigkeit übertragen. Dadurch kommen diese Effekte zustande. Kein Meter wird kürzer. Aber ich erlebe ihn so, weil er für mich kein Meter mehr ist – dann ist er vielleicht nur ein Zentimeter.

$E = mc^2$

Die spezielle Relativitätstheorie liefert Effekte wie Längenkontraktion und Zeitdilatation. Sie liefert noch etwas Dramatisches. In jedem massebehafteten Etwas steckt eine ungeheure Menge an Energie: $E = mc^2$. Das ist ein Resultat der speziellen Relativitätstheorie. Es geht darum, wie sich Energien – eigentlich Impulse – transformieren. Jetzt habe ich es gesagt: »transformieren«. Sie erinnern sich noch? Es geht darum, wie sich gleichförmig bewegte Bezugssysteme zueinander verhalten. Da gibt es Raum, das sind die Längen. Es gibt Zeit, das sind die Uhren. Und es gibt natürlich auch den Impuls. Ein Impuls ist in erster Annäherung so etwas wie Masse m mal Geschwindigkeit v, also mv. Nur wenn es richtig relativistisch wird, also wenn es wirklich schnell wird, ist das sogar mc. Schlussendlich kommt dabei heraus, dass das Ding, selbst wenn es sich gar nicht bewegt, eine Ruheenergie besitzt. Da kam Einstein mit seinem $E = mc^2$. Diese Formel hat die Welt verändert. Diese Formel ist zu all dem geworden, was wir eigentlich nicht haben wollten. Sie hat uns Atombomben beschert, Wasserstoffbomben, aber auch die Erkenntnis, wie die Sterne funktionieren. Sie hat uns einen tieferen Blick in die Natur der Dinge erlaubt. $E = mc^2$ ist die zentrale Formel des 20. Jahrhunderts. Mit allen positiven und negativen Auswirkungen. So ist das mit der Wissenschaft, auch mit der Relativitätstheorie. Der wissenschaftliche Inhalt mag hervorragend sein, was wir allerdings damit anfangen, ist manchmal fürchterlich.

Die allgemeine Relativitätstheorie

Kommen wir zur allgemeinen Relativitätstheorie. Die ist viel, viel schwieriger. Mir ist jetzt ein bisschen mulmig – ich weiß noch gar nicht, wie ich Ihnen das erklären soll. Es ist nicht nur kompliziert, sondern auch noch komplex. Man müsste eigentlich 256 gekoppelte partielle Differenzialgleichungen lösen, um das System einigermaßen zu durchdringen. Das werde ich nicht tun, keine Bange. Ich rede nicht um den heißen Brei herum, die harte Nuss ist die Schwerkraft. Als Einstein mit seiner speziellen Relativitätstheorie die Welt erschütterte, gab es noch ein Problem. Die spezielle Relativitätstheorie lag gewissermaßen in der Luft. Das war der Zeitgeist der Physik. Das Problem mit der Lichtausbreitung und dass sich das nicht so richtig verstehen ließ, hatte damals so viele Kolleginnen und Kollegen in Wallung gebracht, dass man tatsächlich ernsthaft darüber nachdachte. Da waren mehrere Leute dran. Dass Einstein die spezielle Relativitätstheorie fand, war kein Zufall, es gab schon Vorarbeiten. Aber die allgemeine Relativitätstheorie – darauf musste man erst mal kommen. Das ist eine originär Einstein'sche Leistung. Die spezielle beschreibt die Relationen, also den Vergleich von Bezugssystemen, die sich mit gleichförmiger Geschwindigkeit relativ zueinander bewegen, den sogenannten Inertialsystemen. Die allgemeine Relativitätstheorie behandelt beschleunigte Bezugssysteme, also Bezugssysteme, die relativ zueinander beschleunigt sein können.

Das Äquivalenzprinzip

Einstein stellte fest – das ist der rote Faden durch die allgemeine Relativitätstheorie –, ein Gravitationsfeld entspricht einem beschleunigten Bezugssystem. Kurz und schmerzlos heißt das, wenn Sie sich in einem abgeschlossenen Fahrstuhl irgendwo am Rande des Universums befinden, dann können Sie, wenn Sie Ihr Gewicht spüren, nicht wissen, ob der Fahrstuhl beschleunigt ist oder ob Sie sich in einem Schwerefeld auf einem Planeten befinden. Das heißt auch, wenn man zum Beispiel mit einem Raumschiff fliegt, dann beträgt nur dort, wo die Kräfte absolut in Balance sind, das Gewicht eines Menschen null, es herrscht die sogenannte *Schwerelosigkeit*. Astronauten, die sich um die Erde herum bewegen, fallen. Sie fallen genauso schnell, wie die Erde dieses Raumschiff zu sich zieht. Es herrscht deswegen Schwerelosigkeit, weil die Kräfte sich absolut ausgleichen. Wenn ich aber irgendwo draußen im All bin und mit meinem Raumschiff beschleunige, dann kann es sehr wohl sein, dass ich mein Gewicht empfinde, dass ich also schwer bin. Das bedeutet, wenn man große Reisen machen will, dass einem nicht das blüht, was vielen Astronauten geschieht, wenn sie ein paar Monate da oben in der Schwerelosigkeit sind, nämlich Knochenerweichung. Wenn Sie nur ein Raumschiff mit ausreichend Treibstoff und einem ordentlichen Triebwerk haben, das lange genug hält, können Sie da monate-, jahrelang fliegen. Aber das ist ein anderes Problem. Ich will ja nicht über interstellare Raumfahrt reden, sondern über die allgemeine Relativitätstheorie. Um Ihnen das noch einmal klarzumachen: Es gibt keinen Unterschied zwischen einem beschleunigten Bezugssystem und einem Schwerefeld, also einem Gravitationsfeld. Wie kann man das messen?

Gerade und gekrümmte Lichtwege

Dieses sogenannte *Äquivalenzprinzip*, das dahintersteckt, dass schwere Masse und träge Masse einander direkt proportional sind, ist inzwischen mit einer ungeheuren Genauigkeit gemessen worden. Aber das nur am Rande. Also wie könnte man feststellen, ob eine Lichtquelle in einem gleichförmig bewegten Bezugssystem oder in einem beschleunigten Bezugssystem steckt? Gleichförmig bewegtes Bezugssystem. Ja klar, Sie merken schon, das ist eine gerade Linie, der Lichtstrahl ist ein gerader Lichtstrahl, völlig gerade. Aber wie wäre es, wenn dieses Bezugssystem beschleunigt wird? Was sehe ich dann von außen? Wenn ich zum Beispiel eine Lichtquelle nach oben beschleunige – was sehe ich dann? Ich sehe einen gebogenen Lichtstrahl, weil die Lichtquelle währenddessen verschwunden ist. Ein beschleunigtes Bezugssystem ist mit krummen Lichtwegen, ein gleichförmig bewegtes Bezugssystem mit geraden Lichtwegen verbunden. Die allgemeine Relativitätstheorie besagt, dass ein beschleunigtes Bezugssystem, also krumme Lichtwege, einem Gravitationsfeld entspricht. Umgekehrt muss ich erwarten, dass in einem Gravitationsfeld die Lichtwege gekrümmt sind. Genau. Und das kann man messen. Das war der Durchbruch.

Als Einstein seine allgemeine Relativitätstheorie 1915, mitten im Ersten Weltkrieg, vorstellte, dauerte es nur wenige Jahre, bis man die Krümmung des Lichtwegs am Himmel messen konnte. Wie kann man das machen? Ganz einfach. Man nehme einen Stern. Ein Stern ist schwer. Ein Stern hat 300.000 Erdmassen, so wie unsere Sonne. Ich weiß nicht, ob Sie das wissen, die Sonne hat 300.000 Erdmassen und einen Radius von 700.000 Kilometern, ein recht ordentlicher Himmelskörper.

Wenn dieser Stern vorbeizieht, müssten sich die Positionen der Sterne, die hinter der Sonne sind, verändern. Denn jedes Mal, wenn die Lichtstrahlen der Sterne am Rand der Sonne vorbeilaufen, werden sie gekrümmt. Das heißt: Das, was ich am Himmel sehe, sieht nur so aus, als ob es da wäre, es ist aber in Wirklichkeit woanders. Die Krümmung der Lichtstrahlen führt also zu einer Verschiebung der Sternpositionen, da die Sterne ja viel weiter von uns entfernt sind. Wir können annehmen, dass die Lichtstrahlen völlig parallel an der Sonne vorbeilaufen. Schaue ich genau an der Sonne entlang, müsste ich diese Veränderung der Sternpositionen am Himmel beobachten können. Das war die Idee, und genau so ist es passiert. Es ist das gemessen worden, was die allgemeine Relativitätstheorie vorhergesagt hat. Seitdem spricht man davon, dass Massen den Raum krümmen.

Nicht nur den Raum, sondern ein merkwürdiges Geflecht von Raum und Zeit. Das Licht läuft an dieser sogenannten Raumzeit entlang. Ich kann überhaupt nur etwas an Information bekommen, was innerhalb eines bestimmten Kegels ist. Außerhalb davon ist das Licht noch gar nicht zu mir gekommen. Ich habe also einen Horizont, damit meine ich einen geistigen Horizont. Man kann also Informationen über die Welt überhaupt nur in einem gewissen »Trichter«, in einem gewissen »Zylinder« bekommen. Das sind die Abstände, die mit mir kausal in Verbindung treten können. Von der anderen Welt da draußen weiß ich noch nichts. Das ist die eine Sache.

Die andere Sache ist die, dass die Anwesenheit von Materie – es muss genügend Materie da sein – dazu führt, dass der Raum oder diese Raumzeit eine Krümmung erfährt. Jetzt kann man einwenden, die Sache mit den Sternen wurde in den Jahren von 1919 bis 1921 gemessen. Vielleicht haben sie sich damals vermessen, weil sie noch nicht so gute Experimente machen konnten. Hat man denn das inzwischen nochmals überprüft? Ja, es gibt ein Wahnsinnsexperiment, wirklich klasse. Die Idee ist ganz einfach. Diese Sterne sind so weit weg, können wir das nicht irgendwie hier im Sonnensystem messen? Können wir nicht versuchen, die Krümmung, die die Sonne verursacht, genauer zu messen?

In den 1960er- und 1970er-Jahren hat man einen Blick auf unseren Nachbarplaneten, die Venus, geworfen.

Der Shapiro-Effekt

Die Venus kreist um die Sonne und ist ihr näher als die Erde. Ihre Bahn lässt sich wunderbar verfolgen. Wir geben der Venus regelmäßig von einem bestimmten Satelliten aus einen Radarschuss. Der wird dann reflektiert. Ich kann die Laufzeit des Radars – das ist eine elektromagnetische Welle, bewegt sich also mit Lichtgeschwindigkeit – von dem Satelliten hin zur Venus genau messen. Ich kann immer genau feststellen, wie groß der Abstand zwischen Satellit und Venus oder zwischen

Erde und Venus ist. Unser Nachbarplanet dreht sich ja um die Sonne. Es kommt der Tag, an dem die Venus ganz langsam, aber sicher an den Rand der Sonne gerät. Das heißt, die reflektierten Radarstrahlen müssen am Rand der Sonne vorbei. Wenn es nun stimmen sollte, was die allgemeine Relativitätstheorie sagt, dass die Anwesenheit einer großen Masse den Raum krümmt, muss die elektromagnetische Welle, die mit Lichtgeschwindigkeit zur Venus fliegt, in diesen Schwerkrafttopf hinein und wieder aus ihm heraus. Ich muss also eine Laufzeitverlängerung beobachten können. Der Weg des Lichts oder der elektromagnetischen Welle des Radars ist eben länger, weil die Wellen erst hinein- und dann wieder herauskommen müssen. Dazu hatte man einen Erwartungswert parat. Die Theorie hat diese Laufzeitverlängerung vorhergesagt.

Diesen sogenannten *Shapiro-Effekt* kann man im Sonnensystem wunderbar nachmessen. Man erreichte eine Genauigkeit von ungefähr eins zu zehn Promille. Nicht schlecht. Damals gab es nur analoge Sender. Das war nicht so präzise. Heute nimmt man Digitalsender. Man schickte eine Sonde zum Saturn, also wirklich weit hinaus. Diese Sonde hatte einen digitalen Sender an Bord. Der machte immer nur piep-piep-piep. Mit einer unglaublich hohen Präzision jagte er elektromagnetische Wellen durchs Sonnensystem. Da er sich auf einer ziemlich spiraligen Bahn durchs Sonnensystem bewegte, bis er endlich draußen am Saturn angekommen war, hatte man einen ständigen Radiosender, der mitteilte: Hier bin ich, hier bin ich, hier bin ich. Jedes Mal, wenn dieses gesendete Signal am Rand der Sonne vorbeiging, konnte man die Krümmung der Raumzeit ganz genau vermessen.

Heutzutage ist man bei einer Genauigkeit der Überprüfung für die Relativitätstheorie von 1 zu 10.000 Promille. Weil dieser Sender so unglaublich präzise tickt, konnte man die

Raumzeitgeografie des Sonnensystems genauestens vermessen. Und nicht nur das.

Die Amerikaner waren auf dem Mond. Dass das schon mal klar ist! Die amerikanischen Apollo-Astronauten haben einige Spiegel auf die Mondoberfläche gesetzt, die nur dazu da waren, Licht zu reflektieren, und zwar Laserlicht. Durch die Laserschüsse hat man die Bahn des Mondes unglaublich genau vermessen. Und jetzt kommt die allgemeine Relativitätstheorie ins Spiel. Will man die Bewegung des Mondes um die Erde genau verstehen, dann darf man nicht nur die Masse der Erde und die Masse des Mondes nehmen, sondern muss auch noch die Energie, die im Gravitationsfeld steckt, in der Tiefe der Krümmung gewissermaßen, mitrechnen. Gemäß der speziellen Relativitätstheorie ist Energie einer Masse äquivalent, das heißt, wir haben zusätzlich zu den Massen Erde und Mond auch noch die Masse des gemeinschaftlichen Gravitationsfelds zu berechnen. So gelingt es mit der allgemeinen Relativitätstheorie, die Bewegung des Mondes ganz genau zu vermessen. Umgekehrt gelang es so auch, die allgemeine Relativitätstheorie ganz genau zu überprüfen. Wenn Sie also das nächste Mal mit Ihrer Liebsten oder mit Ihrem Liebsten einen Vollmond betrachten, denken Sie nicht nur an die wirklich wichtigen Dinge, an die relevanten Dinge, sondern denken Sie auch an die interessanten. Mit dem Mond ist eine stichhaltige Überprüfung der allgemeinen Relativitätstheorie verbunden.

Schwarze Löcher

Gravitationsfelder sind beschleunigte Bezugssysteme. So weit, so gut. Massen krümmen den Raum. Auch gut. Damit kann man etwas anfangen, das hat etwas Anschauliches. Man kann diese

Effekte aber auch auf die Spitze treiben. Die Spitze des gravitativen Eisbergs, wenn man so will, ist natürlich dann erreicht, wenn die Materie einen Zustand einnimmt, von dem man nichts mehr erfährt. Naturwissenschaft ist ja vor allen Dingen die Aufnahme von Information, die Orientierung dieser Information innerhalb eines größeren theoretischen Rahmens, möglicherweise sogar das Sortieren, das Klassifizieren. Gerade die Physik, insbesondere die relativistische Physik, kümmert sich überhaupt nicht darum. Sie sagt nur, der Zustand eines Körpers ist im Wesentlichen durch seine Masse bestimmt.

Die Relativitätstheorie kennt quasi nichts anderes außer Uhren und Massen. Was anderes braucht sie auch gar nicht. Und Licht – ja gut, aber Licht ist nur schnell, sonst nix. Treibt man das Ganze auf die Spitze – Spitze ist eigentlich falsch, denn es geht jetzt nicht um eine Spitze, es geht um Löcher, *Schwarze Löcher* –, passiert etwas Fürchterliches. Wenn Materie keiner anderen Kraft mehr unterliegt als der Schwerkraft, entsteht ein Schwarzes Loch. Dann bricht alles zusammen, also jede Art von sonstiger Physik, die man vielleicht noch haben könnte, die ganzen Details, ob es sich jetzt um Elektronen handelt oder um Protonen oder um Neutronen oder um Quarks oder um Bosonen oder Fermionen, völlig egal, die Gravitation macht alles gleich. Alles. Der große Gleichmacher. Gerät man einmal in den Mahlstrom der Schwerkraft hinein, ist es zu Ende. Die Schwarzen Löcher sind das absolute Ende von allem, da bleibt nichts mehr übrig, nichts.

Wann wird ein System zum Schwarzen Loch? Wenn die Entweichgeschwindigkeit aus dem Schwerefeld gleich oder größer als die Lichtgeschwindigkeit ist. Das ist die ganz leichte Variante. Das kann man genauestens überprüfen, zumindest in Gedankenexperimenten. Nehmen wir an, wir schicken jemanden los und vereinbaren mit ihm: Jede Stunde sagst du einmal

»Hi«. Damit wir wissen, es gibt dich noch und es geht dir gut. Er fliegt los in Richtung eines Schwarzen Lochs. Wir bekommen am Anfang jede Stunde unser »Hi«. Richtig schöne Signale, manchmal wird auch ein Witz erzählt. Dann auf einmal fragen wir uns, wo bleibt denn das Signal, es ist schon zwei Minuten über der vereinbarten Zeit. Aber dann kommt es noch. Das nächste Signal ist schon vier Minuten über die Zeit. Komisch. Das gibt es doch nicht. Was ist da passiert? Irgendwann kommt das Signal sieben Tage später, und irgendwann erhalten wir gar kein Signal mehr. Dann ist unser Freund im Schwarzen Loch, das war es. Denn während man in ein solches Gravitationsfeld hineinfällt – das ist schön, »Feld« und »fällt« –, scheint die Informationsgeschwindigkeit, die immer die gleiche ist, unglaublich langsam zu werden, für uns, die wir uns nicht bewegen.

Hier haben wir das gleiche Phänomen wie bei der Bewegung mit annähernder Lichtgeschwindigkeit. Genau das gleiche. In der Tat sind die Energien in der Nähe eines solchen Schwarzen Lochs so, dass sie irgendwann relativistisch werden. Irgendwann bewegt sich alles mit Lichtgeschwindigkeit, und dann ist Feierabend. Natürlich nicht Masse, das wissen Sie ja. Massebehaftete Körper bewegen sich nicht mit Lichtgeschwindigkeit, nur mit annähernder Lichtgeschwindigkeit. Ein Schwarzes Loch ist eine »Informations-Senke«. Da wird alles gleich gemacht, was es im Universum gibt. Alles, was da hineinfällt, wird irgendwie zu »Mus und Gruß« verarbeitet, anders kann man es nicht formulieren.

Unsere Sonne würde zu einem Schwarzen Loch werden, wenn sie von den heutigen 700.000 Kilometern – sie hat ja eine Masse von 300.000 Erdmassen – auf drei Kilometer zusammenschmölze. Das ist ein so schöner Konjunktiv. Es wird aber nie passieren. Niemals. Da müssen Sie sich keine Gedanken machen. Sterne werden nur dann zu Schwarzen Löchern, wenn sie viel, viel größer sind als die Sonne – 20, 25, 30 Sonnenmassen. Dann kann es sein, dass im Kern des Sterns ein Schwarzes Loch übrig bleibt. Sonst nichts.

Es muss also viele Schwarze Löcher in der Milchstraße geben, denn es existierten schon viele Sterne, die so schwer waren, 30, vielleicht 50 Sonnenmassen schwer. Schwarze Löcher sind also etwas Normales im Universum. Eine merkwürdige Vorstellung. Da gibt es also Körper, die sich jeder weiteren Kommunikation völlig verschließen. Man kann dieses »Piepsen« zum Beispiel, von dem ich vorhin gesprochen habe, auch messen. Da hat man keine Verabredung mit jemandem getroffen, der in ein Schwarzes Loch hineinfällt, sondern man schaut sich einfach an, wie die Strahlung einer bestimmten Atomsorte aussieht und wie sie aussehen müsste, wenn das Zeug sich zum Beispiel um ein Schwarzes Loch herum bewegt. Das kann man messen. Dann stellt man fest, alles, was die allgemeine Relativitätstheorie über diesen Vorgang aussagt, stimmt. Es gibt Schwarze Löcher in Hülle und Fülle. Nicht nur kleine stellare Schwarze Löcher, die ein paar Kilometer groß sind, sondern auch riesige Schwarze Löcher, die aus Milliarden von Sonnenmassen bestehen. Die sind dann aber trotzdem nur so groß wie unser Sonnensystem. Schwarze Löcher sind ein Resultat der allgemeinen Relativitätstheorie, das sicherlich am populärsten geworden ist.

Machen Sie sich aber keine Gedanken, das nächste Schwarze Loch ist 1500 Lichtjahre von uns entfernt. Es ist auch nicht viel größer als die Innenstadt von München, und darauf beschränkt sich auch sein Wirkungsbereich. Die Tatsache, dass Sie da sind, dass es überhaupt diesen Planeten gibt, dass das Sonnensystem so aussieht, wie es aussieht, bedeutet, es ist in den letzten 4,5 Milliarden Jahren in diesem Teil der Milchstraße, in dem wir uns mit unserem Sonnensystem immer bewegt haben, offenbar zu keiner Begegnung der Sonne mit einem Schwarzen Loch gekommen. Denn wenn ein Schwarzes Loch von einer Sonnenmasse tatsächlich durch das Sonnensystem flöge – auch ein wunderbarer Konjunktiv –, dann würde es uns nicht mehr geben. Die Masse, die da drinsteckt, hätte natürlich Auswirkungen auf die Stabilität der Planetenbahnen. Wenn wir heute an den Himmel blicken und uns umsehen, was sich da alles so bewegt, ist das ein Zeichen, dass wir in einem Teil der Milchstraße leben, in dem nichts los ist. Kosmischer Hinterhof, absolut tote Hose. Wenn das nicht so wäre, würde es uns nicht geben. Das nur am Rande, und jetzt zurück zur allgemeinen Relativitätstheorie, die aber auch in diesem Zusammenhang zum Tragen kommt. Da kann man nämlich ausrechnen, was passiert, wenn sich ein Schwarzes Loch durch das interstellare Medium – den Raum zwischen den Sternen – bewegt.

Der Anfang des Universums

Zu guter Letzt kommen wir zum »Rausschmeißer« aus der allgemeinen Relativitätstheorie, mit anderen Worten zum Anfang des Universums. Die allgemeine Relativitätstheorie erlaubt nämlich als einzige Theorie die unglaubliche Möglichkeit, das gesamte Universum zu berechnen. Alles. Die allgemeine Relativitätstheorie sagt voraus, was mit dem Universum passiert, wenn man weiß, wie schwer ein Universum ist. Ist es zu schwer und kriegt es am Anfang einen Stoß, wird es wieder in sich zusammenfallen. Ist es zu leicht, fliegt es auseinander. Wenn es gerade so zwischendrin ist, dann ergibt sich die Variante, die praktisch genau die richtige Entwicklung hat, dass es also nicht wieder in sich zusammenfällt – das wäre eine Katastrophe –, nicht mit einer Affengeschwindigkeit auseinanderreißt – auch das wäre eine Katastrophe –, sondern dass sich der Raum gerade so ausbreitet, dass in diesem Universum noch etwas passieren kann, dass Galaxien entstehen können, dass Materie entgegen der allgemeinen Expansion zu Galaxien werden kann, dass in den Galaxien Sterne entstehen können, dass eines Tages Planeten entstehen können, dass eines Tages einmal jemand dasteht und erklärt, was es mit der allgemeinen Relativitätstheorie so auf sich hat.

Dunkle Materie

Die allgemeine Relativitätstheorie ist eine grandiose Theorie, die nicht nur erklärt, wie lokal Massen den Raum verbiegen, sondern auch noch ganze Universen zum Gegenstand hat. Damit ist sie eine Theorie, die auch für die Philosophie von großer Bedeutung ist, weil sie als einzige Theorie das große Ganze behandelt.

In diesem großen Ganzen gibt es eine Geschichte, die ich Ihnen noch erzählen will. In der Kosmologie ist sie sehr merkwürdig. Es gibt eine Form von Materie, die nicht leuchtet, die *Dunkle Materie*. Nun sind wir Astronomen ja im Allgemeinen so wie dieser Besoffene, der unter einer Laterne nach seinem Haustürschlüssel sucht, obwohl er den woanders im Dunkeln verloren hat. Aber er denkt sich, hier habe ich wenigstens Licht. Das ist ja schon mal was. Wir Astronomen brauchen irgendeinen Hinweis, dass Dinge sich bewegen. Die leuchtende Materie gibt uns genau diese Hinweise, dass gewissermaßen im Hintergrund, also das, was wir nicht sehen können, viel mehr Dunkle Materie existieren muss, als es leuchtende Materie gibt. Was ist denn das für ein Zeug?

Gravitationslinsen

Die Natur der Dunklen Materie ist eine Frage an die Elementarteilchenphysik. Aus welchen Teilchen könnte denn diese Form von Materie bestehen? Die allgemeine Relativitätstheorie liefert uns eine grandiose Methode, eine Form von Materie sichtbar zu machen, die man gar nicht sehen kann. Materie krümmt den Raum. Klar, dass dann Dunkle Materie auch den Raum krümmt. Ist ja logisch. Wenn wir also irgendwo eine strahlende Lichtquelle haben, dann könnten durch die Anwesenheit nicht sichtbarer Dunkler Materie die Lichtwege so gekrümmt werden, dass das Bild einer Galaxie verzerrt wäre oder vielleicht sogar verdoppelt oder vervierfacht. Die Materie müsste, wenn sie nur gut verteilt ist, wie eine Linse wirken.

Optische Linsen verändern Lichtwege, egal, ob es Sammellinsen oder Zerstreuungslinsen sind. So müsste eine bestimmte

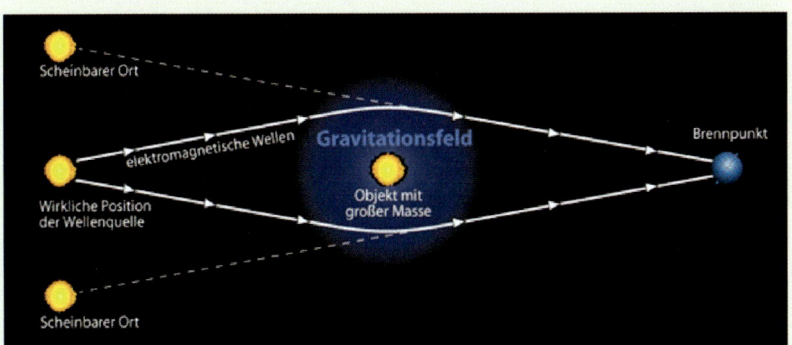

Beim Gravitationslinseneffekt werden elektromagnetische Wellen durch interstellare Objekte mit einer sehr großen Masse in eine andere Richtung gelenkt. Dementsprechend wird das Abbild des Hintergrundobjekts verlagert, verzerrt oder vervielfacht. Eine besondere Erscheinungsform ist der Mikrolinseneffekt (Microlensing). Hier ist die Ablenkung so geringfügig, dass sie nicht als räumliche Verlagerung registriert wird, sondern sich als Helligkeitsanstieg bemerkbar macht.

Form von Materie ebenfalls eine Linsenwirkung auf die Ausbreitung der elektromagnetischen Strahlung haben. Das gibt es! Das sind die sogenannten *Gravitationslinsen*. Das ist eines der tollsten Verfahren der modernen Astronomie, Materie zu entdecken, die man gar nicht sehen kann. Durch die Linsenwirkung der Schwerkraft, also die Verbiegung der Lichtwege durch die Anwesenheit von Materie, kann man aus dem, was man am Himmel sieht, Doppelbilder oder Verzerrungen, Einsteinringe oder ein Einsteinkreuz, herausfinden, wie diese dunkle, nicht sichtbare Materie verteilt sein muss. Man rekonstruiert praktisch aus dem, was man sieht, die Verteilung der Gravitationslinsen, also die Menge von Materie und die Form. Wahnsinn!

Das kann man nicht nur für große Objekte machen, also für Galaxienhaufen oder für große Galaxien. Man kann auch ein sogenanntes *Microlensing* machen, also »Mikrolinsen«. Das ist jetzt nicht diese große, dunkle Materieverteilung, sondern man sucht nach unsichtbaren stellaren Überresten, die schon lange nicht mehr strahlen, aber einfach so schwer sind. Was ist so schwer? Ein Schwarzes Loch.

Wenn so ein Ding an einem Stern vorbeiläuft oder das Licht des Sterns an einem Schwarzen Loch, ist eine Erhöhung der Leuchtkraft des Sterns zu beobachten. Das passiert natürlich nicht wirklich. Der Stern leuchtet nicht plötzlich heller. Aber durch die Gravitationslinsenwirkung dieses einen Objekts wird die Strahlung derartig fokussiert, dass wir mit unseren Teleskopen den Eindruck haben: »Mensch, der Stern leuchtet ja viel heller.«

Jetzt muss ich eine kurze Zwischenbemerkung machen. Es gibt Sterne, die von Natur aus variabel sind, das heißt, sie erhöhen ihre Leuchtkraft regelmäßig, teilweise auch unregelmäßig. Das muss man natürlich unterscheiden können. Wie geht das? Diese variablen Sterne zeigen ihre Strahlungsvariabilität in unterschiedlichen Frequenzbereichen, also im roten Bereich anders als im blauen. Die Gravitationslinsen kennen aber keine Farbe. Die erhöhen die gesamte Intensität eines Sterns achromatisch, also unabhängig von der Farbe. So lässt sich unterscheiden, ob es ein »Gravitationslinsenevent« ist – »Eventcharakter der Astronomie« –, also ob an einem Stern oder am Licht eines Sterns ein Schwarzes Loch vorbeigezogen ist oder ob der Stern selbst projiziert, also seine Leuchtkraft verändert.

MACHOs und WIMPs

So kann man mit dem Microlensing den Halo, die »Atmosphäre« einer Milchstraße, sehr genau durchmessen. Man kommt dann auch darauf, dass es Objekte geben muss, die »MACHOs« heißen, »Massive Astrophysical Compact Halo Object«, massive kompakte Objekte, die zum Beispiel im Halo unserer Milchstraße stecken. Die anderen, die Dunkle Materie im Allgemeinen, sind die »WIMPs«, »Weakly Interacting Massive Particles«. Das müssen irgendwelche Teilchen sein, die irgendwann im frühen Universum entstanden sind. Das alles sind Effekte – also die Gravitationslinsen, die Schwarzen Löcher, die Entwicklung des Universums –, die man immer noch mit der allgemeinen Relativitätstheorie verbindet. Sie ist die ganz große Theorie im Hintergrund der Physik, wenn es um die Schwerkraft geht.

Aber sie kann noch nicht das letzte Wort sein, weil sie eine klassische Theorie ist. Sie ist 1915 auf die Welt gekommen. Ihr Geburtshelfer war Albert Einstein. Sie konnte also noch gar keine quantenmechanische Theorie sein. Wie denn auch, die Quantenmechanik kam erst viel später. Die allgemeine Relativitätstheorie ist die Theorie von der Schwerkraft. Sie ist extrem gut gemessen und gut etabliert. Sie gehört zu den größten

Schätzen, die wir in der theoretischen Physik haben. Aber wir wissen auch, dass es nicht das letzte Wort sein kann. Es muss eine Theorie geben, welche die quantenmechanischen Theorien über die Struktur der Materie mit der allgemeinen Relativitätstheorie vereinigt, irgendwie.

Diese Theorie wird uns dann auch erklären, wie der Anfang des Universums gewesen ist. Die Tatsache, dass wir zwei erfolgreiche Theorien haben, nämlich die allgemeine Relativitätstheorie und die Quantenmechanik, ist ein wunderbarer Startplatz. Wir wissen aber auch, dass das noch nicht das Ziel ist! Das Ziel ist eine große vereinigte Theorie, die alle Kräfte des Universums zu einer Urkraft vereint. Dann hätten wir einen Punkt erreicht, an dem wir froh und glücklich wären. Vor allen Dingen hätten wir ein Ziel erreicht, das zu Albert Einstein gehört, nämlich die Invarianz der Naturgesetze.

Wir sind immer noch auf der Suche nach den ewig gültigen Naturgesetzen. Die allgemeine Relativitätstheorie ist fast ewig gültig, fast. Zweifellos ist sie aber ein grandioses Meisterwerk der menschlichen Vernunft.

EINFÜHRUNG IN DIE QUANTENMECHANIK

Der Weg zur Quantenmechanik: Wie kam man eigentlich auf den Gedanken, dass die Welt in Paketen Energie austauscht? Es begann mit Wärmestrahlung und der Stabilität der Materie.

Von Einstein zu Heisenberg: Was ist Licht eigentlich? Welle oder Teilchen! Was ist Materie eigentlich? Welle oder Teilchen! Einstein: Das ist unmöglich! Heisenberg: Das ist unbestimmt!

Vom Quant zum Geld: Wie kann man mit einer Theorie, die ja kaum zu verstehen ist, Geld verdienen? Ein Drittel des Weltbruttosozialprodukts wird mit Technik verdient, die auf der Quantenmechanik gründet: Laser, Computer, Digitalelektronik …

Der ganz kleine Urknall: Wenn es stimmt, dass die Quantenmechanik die Welt der allerkleinsten Teilchen richtig beschreibt, dann ist sie auch für den Beginn des Universums, den Urknall zuständig. Das Universum war nämlich anfangs kleiner als das kleinste Teilchen.

Die Welt im ganz Kleinen

Die Quantenmechanik. Das wird nicht einfach. Im Gegenteil, es wird eher kompliziert. Das ist die Theorie, von der die Physiker selbst sagen, dass man sie nicht verstehen kann. Man muss sie hinnehmen. Sie lebt ein bisschen von dem Motto: »Der Erfolg heiligt die Mittel.« Man macht etwas, stellt fest, dass man damit Erfolg hat, und macht damit weiter. Das ist Quantenmechanik. Das einmal vorab.

Wenn Sie nicht alles sofort schlagartig verstehen, was ich auf den folgenden Seiten beschreibe, wundern Sie sich nicht. Mir wäre es an Ihrer Stelle auch nicht anders ergangen. Quantenmechanik ist etwas ganz Merkwürdiges. Sie beschreibt die Welt im ganz Kleinen. Ein Homo sapiens, wie Sie und ich, besteht als biologisches Lebewesen aus rund einer Billion Zellen. Aber die Zelle ist schon kein »quantenmechanischer Apparat« mehr. Das kann man im wahrsten Sinne des Wortes sehen. Man kann eine Zelle im Mikroskop betrachten und zuschauen, wie sich Zellen bewegen und vermehren. Die Quantenmechanik beginnt da, wo die Dinge »unscharf« werden, »unbestimmt«, wo Dinge anfangen, sich merkwürdig zu verhalten. Ein ganz einfaches Beispiel: Nehmen wir die Welt um uns. Ich bin hier, Sie sind da. Sie können sich einmal kurz anfassen, damit Sie merken, dass Sie da sind. Da, wo Sie sind, kann ein anderer nicht sein. Der kann nicht dahin, wo Sie sind, weil er Sie sonst verdrängen müsste. Sie verdrängen also Raum, Sie verbrauchen Raum und wissen ganz genau: Ich bin hier! In der quantenmechanischen Welt ist das nicht so. Das darf auch nicht so sein. Eine klare Positionierung, eine klare Ortsangabe hätte katastrophale Folgen in der Welt der allerallerkleinsten Teilchen. Ich kann in jedem Moment die Bewegung von etwas nachvollziehen, kontinuierlich. Das ist klassische Physik. Wenn die Welt des Allerkleinsten sich aber so verhalten würde wie die Dinge um uns herum, dann würde es uns gar nicht geben.

Die Masse des Atoms

Kommen wir nach diesem langen Vorwort zu einem konkreten Beispiel. Es geht um einen Zusammenhang, den Sie alle kennen. Es geht um die Anziehung von Ladungen, und zwar von ungleichen Ladungen. Da haben wir das positiv geladene Proton, das ist ein Kernbaustein. Der Atomkern besteht aus Protonen und Neutronen. Die Neutronen sind elektrisch gar nicht geladen, die Protonen positiv. Nehmen wir mal so ein positiv geladenes Proton. Das kann man sich gut merken, Proton ist positiv geladen, also gut gelaunt. Auf der anderen Seite ein Elektron, negativ geladen, also schlecht drauf. Was machen ungleichnamige Ladungen in dieser Welt hier um uns herum? Sie ziehen sich an. Eine leuchtende Lampe ist an einen Stromkreislauf angeschlossen. Dieser funktioniert nur deshalb, weil Ladungen sich in einem Leiter aufgrund von Ladungsunterschieden bewegen. Da, wo viele positive Ladungen sind, fließen die negativen Ladungen hin, um diesen Überschuss an positiven Ladungen auszugleichen. So funktioniert das mit der Spannung in der Steckdose. Atome bestehen zu 99,9 Prozent ihrer Masse aus einem Atomkern. In dem Atomkern gibt es Protonen und Neutronen. Das sind die richtig schweren Teilchen. So ein Proton ist im Vergleich zu einem Elektron 1836-mal schwerer. Im Atomkern steckt also die Masse des Atoms. Und um diesen positiv geladenen Atomkern herum rast das Elektron. Das weiß man schon lange. Das ist komisch, denn eigentlich sollte das Elektron da gar nicht sein. Nach allem, was ich Ihnen vorhin erzählt habe, dass sich positive und negative Ladungen anziehen, müssten die Elektronen, die um die Atomkerne rasen, schon längst in den Atomkern hineingefallen sein. Denn erstens ist der Atomkern viel schwerer, und zweitens ist er positiv geladen. Tja – und was würde das bedeuten? Es würde gar keine Atome geben. Das wäre etwas völlig Abartiges. Es gäbe nur Kernmaterie, irgend so ein wahnsinnig dichtes Zeug. Wenn ein Atom, nehmen wir das Wasserstoffatom, das ist das einfachste Element, so groß wäre wie das Allianz-Stadion in München und dieses eine Elektron (Wasserstoff hat ja nur ein Elektron in seinem Grundzustand) auf dem äußersten Tribünenrang des Stadions herumrasen würde, wäre der Atomkern – in diesem Fall ein Proton – so groß wie ein Reiskorn im Mittelpunkt des Anstoßkreises. Das Atom ist also praktisch leer. Warum fällt das Elektron nicht auf dieses Reiskorn? Schließlich sind die beiden ungleichnamig geladen. Das Elektron müsste mit einem Affenzahn in den Kern hineinknallen.

Für so einen Fall ist eine Theorie nötig, eine physikalische Beschreibung, die erklärt, warum die Elektronen, obschon sie die entgegengesetzte Ladung der Protonen im Atomkern haben, nicht in den Atomkern hineinfallen. Warum nicht? Das war eine der wesentlichen Fragen zu Beginn des 20. Jahrhunderts, denn man hatte ja schon etwas von der Natur der Dinge verstanden. Namentlich zum Beispiel von Ladungen. Man wusste: Es gibt elektromagnetische Wellen, es gibt elektrische Felder, magnetische Felder. Diese merkwürdigen Dinge, die mit elektromagnetischen Feldern zu tun haben – das wusste man auch aus vielen Experimenten –, verhalten sich wie Wellen. Da gibt es die Beugungserscheinungen. Licht ist eine elektromagnetische Welle, Radio ist eine elektromagnetische Welle, Infrarot- und Röntgenstrahlung, Gammastrahlen, alles elektromagnetische Wellen. Das wusste man, und man wusste auch, dass die Materie aus Teilchen zusammengesetzt ist.

Atomos

Die Geschichte mit dem *Atomos*, dem Unteilbaren, ist eine uralte Idee, die schon *Demokrit* 300 vor unserer Zeitrechnung hatte. Die Welt sollte offenbar aus unteilbaren Teilchen zusammengesetzt sein. Dann fand man heraus, so unteilbar sind diese Teilchen gar nicht. Da gab es immerhin schon die Elektronen, die man den Atomen entreißen konnte. Da waren die Atomüberreste, die sogenannten *Ionen*. Die waren positiv geladen, das Elektron negativ. Beide konnte man mit elektrischen Feldern trennen. Man sah, wie die Elektronen auf der einen Seite des elektrischen Felds zum Pluspol wanderten und die positiv geladenen Ionen zum Minuspol. Man hatte schon etwas verstanden, aber so ganz bekam man es nicht auf die Reihe. Es gab diese Teilchenvorstellung. Die Materie bestand demnach aus Teilchen, die man sogar sehen konnte. In der Zeit vor der Quantenmechanik war völlig klar, dass das Material um uns herum, wir alle, sich aus Teilchen zusammensetzte. Aus – ich drücke das jetzt einmal ganz doof aus – Kügelchen. Elektronen sind gelbe Kügelchen, Protonen vielleicht rote Kügelchen, Neutronen blaue Kügelchen.

Teilchen oder Welle?

Demgegenüber stand das Licht. Hier herrschten offensichtlich die Wellen vor. Obwohl Newton ein paar Hundert Jahre früher schon mal gesagt hatte, na, es könnte auch sein, dass auch Licht aus Teilchen besteht. Aber das hatte man relativ schnell wieder weggebügelt, nachdem es Beugungserscheinungen an elektromagnetischen Wellen gab, vor allem beim Licht. Da ging man davon aus, dass das Licht eine Art Welle sein musste.

Anfang des 20. Jahrhunderts zeigten sich merkwürdige experimentelle Ergebnisse. Je mehr und genauer man der Materie auf die Finger schaute, umso mehr stellte man fest, so, wie die Welt um uns herum ist – ich sage es noch einmal: klare Ortsbestimmung, klare Zeitbestimmung, ich weiß ganz genau, was passiert, Geschwindigkeit und so weiter –, da unten, im Reich des Kleinsten, scheint das irgendwie nicht zu funktionieren.

Die Ultraviolett-Katastrophe

Um bestimmte Erscheinungen bei der Wärmestrahlung verstehen zu können, müsste die Energie in wohldefinierten Paketen abgegeben werden. Diese Idee brachte *Max Planck* im Jahr 1900 auf.

Nehmen wir einen ordentlichen Eisenklotz, der 2000 bis 3000 Grad heiß ist. Zuerst ist er weiß glühend, dann kühlt er ab. Dabei wird er ganz langsam blau, dann grün, dann geht er etwas ins Rote über, und irgendwann hat er eine Temperatur erreicht, in der er für das bloße Auge nicht mehr strahlt. Er kommt also in den infraroten Bereich. Man konnte also messen, wie die Wärmestrahlung eines solchen Körpers verteilt ist.

Aber mit der guten alten Physik des 19. Jahrhunderts ließ sich diese Verteilung des Spektrums überhaupt nicht verstehen. Da gab es eine Katastrophe, die sogenannte *Ultraviolett-Katastrophe*. Bildlich ausgedrückt hätte man erwartet, dass die Strahlungsleistung eines Körpers unglaublich nach oben geht, de facto aber zeigte sich: Sie wächst zunächst an, geht dann aber wieder runter. Das ist das Spektrum eines sogenannten *Hohlraumstrahlers*, eines schwarzen Körpers, der nichts anderes macht, als mit sich im Gleichgewicht zu sein und zu strahlen.

Das plancksche Wirkungsquantum

Max Planck stellte fest: Wenn ich dieses Spektrum erklären will, muss ich – und das stürzte ihn wirklich in Depressionen – annehmen, dass die Energie von diesem strahlendem Körper in bestimmten Paketen abgegeben wird. Er brachte damals eine winzig kleine Zahl in die Welt, die später nach ihm benannt wurde: das *plancksche Wirkungsquantum*. Das ist die allerkleinste Wirkung, die es im Universum gibt. Das wusste Planck um 1900 noch nicht, konnte diese Zahl aber schon sehr genau ausrechnen. Jetzt stellte er fest: Energie muss von diesen strahlenden Körpern in Paketen abgegeben werden. »f« ist die Frequenz, »h« ist das plancksche Wirkungsquantum, und »E« ist die Energie. E = h × f – das war die entscheidende Gleichung, die am Anfang einer Theorie steht, die das bisher geltende Bild der Welt völlig auf den Kopf gestellt hat. Die Quantenmechanik ist eine Hammertheorie. Sie ist heute das Beste, was wir in der Physik haben. Sie ist nicht mehr hinterfragbar, sie ist eine universelle Theorie.

Max Karl Ernst Ludwig Planck (1858–1947) gilt als einer der bedeutenden deutschen Physiker und als Begründer der Quantenmechanik. Für die Entdeckung des planckschen Wirkungsquantums wurde er 1919 mit dem Nobelpreis für Physik des Jahres 1918 ausgezeichnet.

Inzwischen ist sie schon so weit gediehen, dass wir sie gar nicht mehr überprüfen können, ohne selbst quantenmechanische Methoden zu verwenden. Zum Beispiel der Laser – Lichtverstärkung durch stimulierte Emission von Strahlung – ist ein quantenmechanischer Apparat.

Ein großer Teil unseres modernen Lebens basiert auf den Erkenntnissen der Quantenmechanik. Begonnen hat alles damit, dass man nicht verstand, wieso die Materie stabil ist und ein Wärmestrahler ein bestimmtes Spektrum abgegeben hat. Sie können sich leicht vorstellen, dass das damals zunächst von der Öffentlichkeit gar nicht wahrgenommen worden ist, so nach dem Motto: »Was diese Physiker da machen, ist ja alles ganz nett, aber im Grunde genommen betrifft es uns doch gar nicht.« Hätte man schon gewusst, was aus dieser quantenmechanischen Beschreibung der elementarsten Dinge einmal wird, hätten die Leute möglicherweise entweder die physikalischen Laboratorien sofort geschlossen, weil sie Angst davor hatten, oder sie hätten die allerersten Helden der Quantenmechanik auf den Schultern aus den Laboratorien getragen und sie umjubelt. Aber wie so oft brauchen manche Erkenntnisse der Wissenschaft sehr lange, um in unseren Erkenntnisapparat und damit in unsere Köpfe hineinzukommen.

Strahlung liegt immer in Quanten vor

Max Planck war im Jahr 1900 der Erste, der die Idee aufgebracht hatte, da könnte etwas in Portionen abgegeben werden. Fünf Jahre später brachte Albert Einstein diese Idee eigentlich erst richtig auf den Punkt, indem er sagte: »Damit ich verschiedene Experimente, in diesem Fall den photoelektrischen Effekt, verstehen kann, muss ich annehmen, dass die Energie nicht nur in Portionen abgegeben wird, sondern dass sie auch in Portionen aufgenommen wird, und dass sie selbst, also das elektromagnetische Licht, die elektromagnetische Strahlung, in Portionen vorliegt, in Quanten.« Dafür hat Einstein übrigens seinen Nobelpreis bekommen, nicht für seine Relativitätstheorie. Die war so revolutionär, da hat sich das Nobelkomitee nicht so richtig getraut. Diesen photoelektrischen Effekt zu erklären war eine nachvollziehbar grandiose Leistung.

Die Grundidee: Strahlung liegt immer in Paketen vor, in Quanten. Tja, und was machen wir jetzt? Wir haben auf der anderen Seite auch die Beugungserscheinungen. Wir wissen, elektromagnetische Strahlung ist eine Welle. Aber wir haben Experimente wie den Photoeffekt, wo sich ganz deutlich zeigt, dass Licht keine Welle ist. Es ist ein Quantum. Tja, Welle oder Teilchen? Bis zu diesem Zeitpunkt war immer alles klar. Es gab einen klaren Dualismus, hier die Wellen, da die Teilchen, Feierabend. Jetzt haben wir es mit dem Phänomen zu tun, dass das Gleiche zwei verschiedene Seiten zeigt, als wenn es zu beiden Welten gehöre.

Und es wurde noch viel schlimmer: Nicht nur, dass Licht Teilcheneigenschaften hat, 15 Jahre später fand man heraus, dass Teilchen, also Protonen, Elektronen, Neutronen, Welleneigenschaften besitzen. Damit wurde auf einmal klar: Wenn Teilchen Welleneigenschaften besitzen, kann man verstehen, warum die Elektronen nicht in den Atomkern hineinfallen. Denn wenn sie so etwas wie eine Welle sind, dann sind sie ja keine Teilchen. Dann haben sie Eigenschaften, die gewissermaßen »ausgebreitet« sind.

Das Überlagerungsprinzip

Ein Teilchen, das ist etwas ganz Klares: Ein Teilchen ist hier und nirgendwo sonst. Eine Welle, die kann schon einmal woanders sein. Sie hat zwar eine hohe Aufenthaltswahrscheinlichkeit an einer bestimmten Stelle, aber sie kann auch ausgebreitet sein. Eine Welle hat eine ganz andere physikalische Qualität als ein Teilchen. Trotzdem müssen Sie mir das zunächst einfach einmal glauben: Teilchen verhalten sich bei manchen Experimenten wie Wellen. Sie zeigen Interferenzmuster, Überlagerungsmuster. Da gibt es einen berühmten Versuch, das sogenannte *Doppelspalt-experiment*.

Da wird ein einziges Elektron durch einen Doppelspalt geschickt. Sie werden sagen: »Moment mal, das Elektron kann doch entweder nur durch den einen oder durch den anderen Spalt gehen. Entweder oder, Sekt oder Selters.« Tut mir leid, das Elektron kann machen, was es will. Und das tut es auch. Man kann mit einzelnen Elektronen zeigen, dass sie mit sich selbst interferieren, sich also mit sich selbst überlagern. Dieses Überlagerungsprinzip steckt in dieser Welt der Elementarteilchen drin.

Ich komme wieder auf mein Beispiel zurück. Warum fällt das Elektron nicht in den Atomkern hinein? Das ist ganz einfach. Nehmen wir einmal eine Gitarre. Stellen Sie sich vor, ich hätte eine Gitarre in der Hand. Eine Gitarre ist ein Saiteninstrument, schlägt man die Saiten an, fangen sie an zu schwingen. Die Gitarrensaite ist eingespannt, und zwar oben und unten. Die Wellen, die auf dieser Saite entstehen, müssen dazwischenpassen. Je nachdem, wo ich meinen Finger auf die Saite lege, kommen ganz unterschiedliche Töne heraus, weil eben nur ganz bestimmte Wellen auf diese Saiten passen. Je kürzer die Saite ist, umso höher werden die Töne, die dabei entstehen.

Das ist uns allen bekannt und hinreichend klar. Wellen können, wenn die Saiten eingespannt sind, nur ganz bestimmte Wellenlängen besitzen. Nämlich genau die Wellenlängen, die exakt zwischen die beiden Punkte passen, an denen die Saite eingespannt

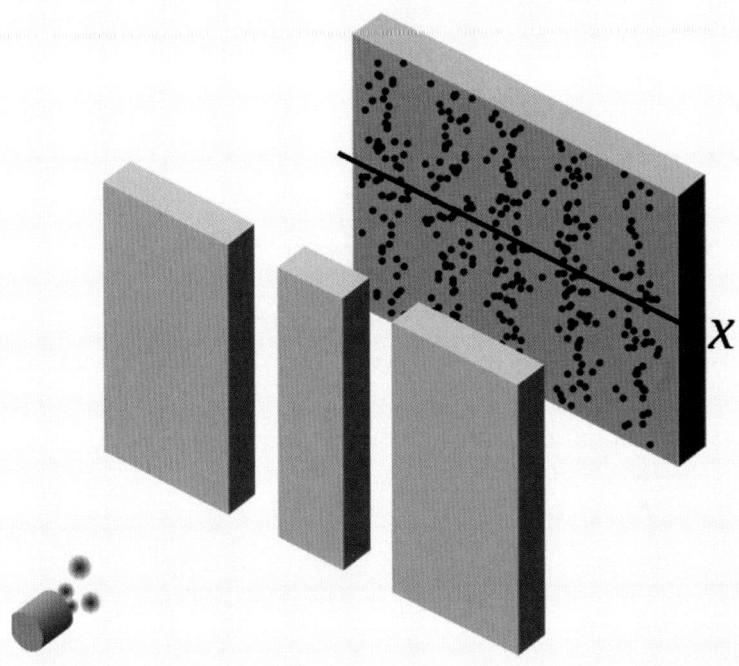

x

Wenn man das Doppelspaltexperiment mit einzelnen Elektronen durchführt, scheint es zuerst, als ob jedes Elektron irgendwo beliebig auf dem hinteren Schirm landet. Aber mit jedem Elektron mehr entsteht nach und nach ein Muster: das Wellenmuster. Dieses Interferenzmuster zeigt, dass auch Objekte Welleneigenschaften haben, die in der klassischen Physik als Teilchen angesehen werden.

ist. Da gibt es die Grundschwingung, die erste Oberschwingung und so weiter.

Jetzt nehmen wir einmal ein Atom und denken uns ein Elektron wie eine Saite. Das Elektron kann eben nicht überall sein. Denn eine Welle besteht aus einer Amplitude, aus einer Wellenamplitude, also der Auslenkung und den Knoten, da, wo die Auslenkung null ist. Da, wo die Auslenkung null ist, ist die Welle nicht. Logisch.

Die Elektronenwelle

Schauen wir uns jetzt die Elektronenwelle an. Ein Elektron befindet sich in einem sogenannten *Potential*. Es ist in einem Kraftfeld. Dieses Kraftfeld entsteht durch die positive Ladung des Protons in der Mitte und durch das Elektron. Aber wenn das Elektron Welleneigenschaften haben sollte, und die hat es, das wissen wir aus den Experimenten, kann ich mir das Elektron wie eine Saite vorstellen und erkennen: In diesem Kraftfeld ist die Saite des Elektrons eingespannt. Wo ist der Knoten für das Elektron? Im Atomkern. Da ist der Knoten der Elektronenwelle. Da darf das Elektron nicht sein. Da wir das Elektron in dem Atom behalten wollen, wo darf das Elektron dann auch nicht sein? Außerhalb des Atoms. Wir haben also zwei Stellen, an denen wir die Elektronenwelle eingespannt haben: Erstens den

QUANTENMECHANIK

Als Wissenschaftler vor über 100 Jahren begannen, in die kleinsten Teilchen der Materie vorzudringen, entdeckten sie die merkwürdige Welt der Quantenmechanik.

Tief im Inneren von allem stießen sie auf ein Universum, das völlig anders ist als das unsere. Besteht unsere Realität aus Dingen, die nicht als real angesehen werden können?

Wissenschaftler wie Planck, Heisenberg, Schrödinger und Bohr hatten entdeckt, dass in der merkwürdigen, bizarren Welt der Quanten Dinge erst real werden, wenn wir hinsehen, und dass verschränkte Quanten über Zeit und Raum hinweg instantan, schneller als Licht, kommunizieren.

Die Quantenmechanik war für Albert Einstein ein Albtraum. Sarkastisch stellte er die Frage: »Hört der Mond auf zu existieren, wenn keiner hinsieht?«

Atomkern und zweitens den Bereich außerhalb des Atoms. Das Elektron darf sich genau dazwischen aufhalten, nicht im Atomkern und nicht außerhalb des Atoms. Ansonsten wäre es ein *Ion*, dann wäre das Atom geladen und das Elektron frei.

Mit der Eigenschaft, dass ein Teilchen eine Welle sein kann, versteht man zum allerersten Mal, warum die Materie stabil ist, warum sie nicht völlig in sich zusammenstürzt. Wie gesagt: Der Kern ist positiv, die Elektronen sind negativ. Eigentlich wäre die Materie nach unserer klassischen Vorstellung unter der elektrodynamischen Wechselwirkung völlig zusammengebrochen. Dass das nicht der Fall ist, verdanken wir nur der Tatsache, dass die Teilchen auf der elementaren, fundamentalen Ebene der allerkleinsten Wechselwirkung keine Teilchen mehr sind. Dort unten ist alles wellenartig, alles schwankt. Genau das ist das Geheimnis der Quantenmechanik. Nichts mehr in der Welt der allerkleinsten Teilchen ist wohldefiniert. Es gibt immer Unbestimmtheiten. Derjenige, der das zum allerersten Mal formuliert hat, war *Werner Heisenberg* 1926. Er hat aus all den Daten, Experimenten und Theorieansätzen herausdestilliert, dass das Entscheidende in der Quantenmechanik die Unbestimmtheit ist.

Die Überlagerung dieser Welleneigenschaften der einzelnen Teilchen, ob es nun Elektronen oder Protonen oder Neutronen sind, lässt sich nie ganz genau festlegen.

Das ist eine fundamentale Eigenschaft. Wir können nicht einmal sagen, dass wir es nur heute noch nicht können, nach dem Motto, wir sind noch nicht weit genug. Irgendwann einmal werden unsere Experimente, unsere Technologien schon so weit sein, dass wir auch diese allerkleinsten Teilchen ganz genau festmachen können. Nein, dem ist nicht so! Tut mir leid. Es gibt gewisse, eindeutige Schranken.

Wissen Sie auch, warum? Ganz einfach. Letztlich hat es damit zu tun, dass man, wenn man etwas wissen will, hinschauen

Werner Heisenberg (1901–1976)

Werner Heisenberg stellte 1925 die erste mathematische Formulierung der Quantenmechanik und 1927 die nach ihm benannte Heisenberg'sche Unschärferelation auf. Die besagt, dass bestimmte Messgrößen eines Teilchens, etwa Ort und Geschwindigkeit, nicht gleichzeitig beliebig genau bestimmt sind. Für die Begründung der Quantenmechanik wurde er 1932 mit dem Nobelpreis für Physik ausgezeichnet.

muss. Jetzt kann man natürlich bei den Einzelteilchen nicht mehr messen und beobachten, denn wir sehen die Winzlinge ja nicht. Alles ist so klein, dass man sich etwas einfallen lassen muss. Wie macht man das?

Eindeutige Wellen

Wenn man diesen Teilchen sehr nahe kommen will, braucht man bestimmte Lichtarten. Röntgenstrahlen zum Beispiel. Die Wellenlänge der Röntgenstrahlen ist kleiner als die Wellenlänge von sichtbarem Licht. Die Wellenlänge von Röntgenstrahlung ist so klein, dass sie es uns erlaubt, Teilchen oder Strukturen in

Atomen zu erkennen. Zumindest die Strukturen innerhalb von Kristallgittern zum Beispiel.

Damit kann man sehen, woraus diese Materie tatsächlich besteht. Jetzt ergibt sich nur ein einziges Problem. Eine sehr kleine Wellenlänge, die es mir erlaubt, etwas sehr, sehr Kleines anzuschauen, hat leider Gottes eine sehr hohe Frequenz. Elektromagnetische Wellen sind gewissermaßen eindeutig. Der Zusammenhang zwischen Frequenz und Wellenlänge ist klar. Das Produkt aus Frequenz und Wellenlänge ergibt die Lichtgeschwindigkeit.

Die Heisenberg'sche Unbestimmtheitsrelation

Wenn ich etwas mit einer sehr, sehr kleinen Wellenlänge anschaue, habe ich eine sehr, sehr hohe Frequenz. Sehr hohe Frequenz ist nach Max Planck eine hohe Energie. Will ich also dort unten in der allerkleinsten Teilchenwelt irgendwas anschauen, kann ich das nicht tun, ohne diese allerkleinste Teilchenwelt zu beeinflussen. Weil ich durch das Beobachten mit einem Röntgenstrahl die Welt da unten natürlich verändere.

Ich kann diese allerkleinsten Dinge gar nicht mehr anschauen, ohne sie zu beeinflussen. Das ist – ganz einfach ausgedrückt – die Heisenberg'sche Unschärferelation. Dass man durch bloßes Hinschauen diese Unbestimmtheiten, diese Schwankungen verursacht. Die Idee von Heisenberg besagt noch mehr. Sie bedeutet, dass die Materie in ihren grundlegendsten Eigenschaften fundamental unbestimmt ist. Das garantiert ihre Stabilität. Sonst wären die Elektronen schon längst im Atomkern. Das garantiert auch die Wechselwirkung von Licht und Materie. Wir verstehen heute die Wechselwirkung von Licht mit Materie. Sie ist *gequantelt*.

Spektrallinien – Gradmesser der Energie von Atomen

Atome können Energie, also die Energie von Photonen, von Lichtquanten nur in bestimmten Portionen aufnehmen. Das alles funktioniert nicht irgendwie, sondern es ist definiert. Woher wissen wir das? Von den Strahlungsspektren der verschiedenen Atome, zum Beispiel von den Spektren der Sterne. Im Licht der Sterne sind Linien. Diese Linien können Emissionslinien sein, das heißt, es wird Strahlung abgegeben, es können aber auch Absorptionslinien sein, es wird also Strahlung aufgenommen. Diese Linien – dunkel bei Absorption, hell bei Emission – sind im ganzen Spektrum sehr fein verteilt. Das hängt davon ab, was es für ein Element ist, Wasserstoff, Helium oder Sauerstoff. Je nach Element gibt es eine unterschiedliche Anzahl an Elektronen. Bei jedem Atom ist die Anzahl der Elektronen exakt gleich der Anzahl der Protonen. Deshalb sind die Atome insgesamt elektrisch neutral.

Je nachdem, wie viele Elektronen so ein Element hat, gibt es verschiedene Möglichkeiten für die Elektronen, Energie aufzunehmen oder abzugeben. Deshalb entstehen Linienspektren. Aus diesen Linien lässt sich ausrechnen, wie viel Energie die Atome haben, welche Energie aufgenommen, welche abgegeben worden ist. Wir haben also eine Eins-zu-Eins-Korrespondenz durch das Licht, das wir zum Beispiel von den Sternen bekommen.

Nehmen wir unseren eigenen Stern, die Sonne. Schauen wir uns ihr Licht an. In ihrem Spektrum gibt es massenweise Linien. Sie lassen sich mit der Quantenmechanik verstehen. Die quantenmechanischen Regeln, wie die Atome aufgebaut sind, dass sie überhaupt stabil sind, verdanken wir der Heisenberg'schen Unbestimmtheitsrelation, der Schwankung zwischen Wellen und Teilchen. Teilchen verhalten sich wie Wellen, Lichtwellen verhalten sich wie Teilchen. Es ist ein beständiges Hin und Her. Je nachdem, welche Art der Wechselwirkung auftritt, gibt es eben Wellen- oder Teilcheneigenschaften. Das lässt sich sogar an kosmischen Objekten überprüfen.

Das ganz Kleine und das ganz Große

Auf diese Art und Weise hat man einen hervorragenden Abschluss physikalischer Theorien gefunden. Die Quantenmechanik ist ja die Theorie des ganz, ganz Kleinen, des unglaublich Kleinen. Wir finden aber die Regeln, die wir im Labor entdeckt haben, im ganz, ganz Großen – zum Beispiel bei der Sonne – wieder. Sie hat immerhin einen Radius von 700.000 Kilometern und ist ein ziemlicher Brummer, ein ziemlich großer Gasball. Das bedeutet – und das muss man sich auf der Zunge zergehen lassen –, dass wir tatsächlich etwas von der Welt verstanden haben. Die Quantenmechanik – so schwierig sie auch in ihren Einzelheiten sein mag – hat uns ein Tor zum Verständnis dieser Welt als Ganzes geöffnet. Die Natur braucht nur eine Physik und nicht verschiedene. Und die Quantenmechanik ist ein Teil dieser einen Physik.

Eine Theorie zum Geldverdienen

Wann ist denn Ihrer Meinung nach eine Theorie wirklich überzeugend? Dafür gibt es verschiedene wissenschaftstheoretische Begründungen. Zum Beispiel muss eine Theorie eine Vorhersage machen. Wenn sich die Vorhersage dann im Experiment tatsächlich einstellt, ist eine Theorie gut. Andere sagen, eine

Theorie muss einfach nur funktionieren. Ich will hier einmal eine neue Definition für eine erfolgreiche Theorie anbringen: »Damit kannst du richtig Geld verdienen.« Die Quantenmechanik ist eine solche Theorie. Mit der Quantenmechanik werden 30 Prozent des Weltbruttosozialprodukts verdient. Eine Theorie, mit der man so viel Geld verdienen kann, muss einfach richtig sein. Von »Wahrheit« weiß ich als Naturwissenschaftler nichts zu sagen. Wahrheit ist kein Begriff der Naturwissenschaften. Mit Naturwissenschaften kann man immer nur falsifizieren. Man kann herausfinden, ob etwas nicht falsch ist. Bei der Quantenmechanik muss ich sagen, die scheint wirklich nicht falsch zu sein, im Gegenteil. Sie scheint sehr, sehr nahe an diesem Wort zu sein, das ich als Physiker natürlich nicht aussprechen darf, weil »Wahrheit« ja in der physikalischen Forschung nichts zu suchen hat. Die Quantenmechanik ist die Theorie, die wir im Labor am genauesten vermessen können.

Die Quantenmechanik erlaubt aber noch ganz andere Dinge. Sie erlaubt es nämlich, Technologien zu entwickeln, mit denen man Geld verdienen kann. Alle digitale Elektronik auf der Erde ist quantenmechanisch. Jeder Laser ist eine quantenmechanische Maschine. Ich hoffe ja nicht, dass es nötig ist, aber falls Sie einmal untersucht werden müssen und in eine *Kernspinresonanzröhre* hineingeschoben werden, oder wenn man wissen möchte, was sich in Ihrem Gehirn abspielt, und man macht eine *Positronen-Emissions-Tomografie*, oder wenn Sie mit einem Röntgengerät geröntgt werden – das alles sind quantenmechanische Apparate. Es geht aber noch viel weiter. Wenn Sie gerade einatmen und ausatmen, passiert etwas mit Ihnen. Sie nehmen Teilchen auf, und zwar richtig viele Teilchen. Also Stickstoff, klar, und Sauerstoff. Der wird von unserem Blut aufgenommen. Das ist ein ziemlich komplizierter Prozess. Sollten Sie einmal meinen, zu jeder Frage eine Antwort zu haben, gucken Sie sich erst einmal an, wie Ihr Blut den Sauerstoff aufnimmt. Sie werden erschüttert sein und wieder von vorn anfangen. Das Staunen kann sich lohnen, besonders beim eigenen Blutkreislauf.

Ununterscheidbarkeit der Teilchen

Was passiert da eigentlich? Es werden Sauerstoffmoleküle aufgenommen. Eine der wichtigsten quantenmechanischen Eigenschaften von Teilchen ist ihre Ununterscheidbarkeit. Ein Sauerstoffmolekül hier auf der Erde und ein Sauerstoffmolekül irgendwo vom Rand des Universums sind völlig identisch. Da gibt es keine Unterschiede. Die quantenmechanischen Teilchen haben keine individuellen Eigenschaften. Atmen Sie richtig kräftig ein, dann merken Sie das.

Die Teilchen, die Sie da aufnehmen, reagieren nach ganz bestimmten Naturgesetzen, die quantenmechanisch sind. Wenn das nicht so wäre, könnten wir gar nicht atmen. Stellen Sie sich einmal vor, so ein Teilchen wäre – so, wie wir es manchmal sind – einfach mal schlecht gelaunt und dann wieder gut gelaunt. Und die Bindungsfähigkeit von Sauerstoff würde sich nach deren Laune richten. Da würden wir verbrennen oder ersticken, je nachdem. Es gibt also ganz elementare Prozesse in uns, die auf dem Niveau der Teilchenebene stattfinden und quantenmechanisch sind. Dass wir überhaupt darüber nachdenken können, ob die Quantenmechanik falsch sein könnte, lässt sich tatsächlich auf einen quantenmechanischen Prozess zurückführen. Womit ich nicht gesagt haben will, dass unser Gehirn ein quantenmechanischer Computer ist. Im Schädel eines Homo sapiens sind so viele Teilchen, dass das kein quantenmechanischer Apparat ist. Die Teilchen beeinflussen sich derartig intensiv, da bleiben gar keine quantenmechanischen Eigenschaften übrig. Die ganzen Überlagerungen verschwinden. Deswegen bleibt unser Gehirn auch da, wo es ist, und wir da, wo wir sind. Weil wir aus so vielen Teilchen bestehen.

Quantenmechanik wird dann richtig interessant, wenn man etwas von den Einflüssen der Welt sehr gut isolieren kann, oder wenn man etwas auf sehr niedrige Temperaturen kühlen kann, oder wenn man einzelne Teilchen anschaut. Dann ist Quantenmechanik interessant. Dann wird sie auch offenbar. Aber sobald die Umwelt da ist, sobald Strahlung in großer Menge auf etwas auftrifft, wird die Welt sofort klassisch. Sehen wir uns einmal an, wie heutzutage diese quantenmechanische Technologie funktioniert.

Laser

Laser ist »Lichtverstärkung durch stimulierte Emission von Strahlung« (light amplification by stimulated emission of radiation). Was beim Laser passiert, ist eigentlich ganz einfach: Man zwingt Milliarden und Abermilliarden Elektronen, im gleichen Moment das Gleiche zu tun. Man pumpt sie auf ein Energieniveau. In quantenmechanischen Worten gesagt, macht man aus einer Grundschwingung der Grundwelle der Elektronen eine Oberschwingung, und dann gehen die Elektronen von diesem oberen Energiezustand wieder auf den niedrigeren zurück. Das machen alle auf einmal, das ist perfekter Kommunismus, und – Achtung! Kalauerzone – deswegen ist der Laserstrahl rot. Es gibt auch grüne Laserstrahlen. Aber viele Laserstrahlen sind nun einmal rot.

Die Voraussetzung für diese Lichtverstärkung durch stimulierte Emission ist, dass man allen Elektronen eines Materials genau die richtige Menge an Energie mitgibt, sodass sie dann von einem Energieniveau gemeinsam wieder herunterspringen.

Die Zustände der Elektronen in dem Atom haben also eine bestimmte Lebensdauer. Die bleiben nicht immer so. Eines der wichtigsten Grundgesetze der Materie in diesem Universum ist, dass angeregte Zustände am liebsten so schnell wie möglich wieder abgeregt werden. Wenn die Elektronen einen hohen Energiezustand haben, also eine hohe Oberschwingung besitzen, dann regeln sie das im Allgemeinen dadurch, dass sie wieder runterfallen. Bei diesem Runterfallen von einem Energieniveau zum anderen wird ein Photon abgegeben. Ein Lichtquant. Genau das Lichtquant, das zwischen diesen beiden Energieniveaus als Energieunterschied im Atom drin ist. So funktioniert ein Laser.

Heutzutage werden zum Beispiel bei Röntgenapparaten Elektronenstrahlen erzeugt. Die schauen sich genau an, was in einer organischen Materie passiert. Diese Röntgenstrahlen kennen Sie. Positronen-Emissions-Tomografie ist etwas ganz besonderes. Man injiziert ein radioaktives Element. Bei dem radioaktiven Zerfall werden Teilchen frei, die Positronen. Das sind Antimaterieteilchen, positiv geladene Elektronen, ein quantenmechanischer Wahnsinnszustand, würde ich sagen. Diese Positronen zeigen an, welche Aktivitäten zum Beispiel in meinem Gehirn ablaufen. Damit lässt sich die Aktivität von Nervenzellen und vieles andere mehr darstellen. Kernspintomografie, Positronen-Emissions-Tomografie, all diese digitalen elektronischen Einrichtungen ließen sich nur mit der Vorstellung entwickeln, dass die Materie-Energie-Übergänge in Portionen stattfinden, also gequantelt sind. Hätte man diese Theorie im Labor nicht überprüfen können, wäre ein großer Teil der modernen Welt nicht möglich. Die technische Umsetzung von Grundlagenerkenntnissen in Maschinen oder Informationskreisläufen war bis heute nirgendwo so reibungslos und fruchtbar wie in der Quantenmechanik.

Da die ganze Welt aus Atomen besteht und das Atom eine der allergrößten Entdeckungen des 20. Jahrhunderts ist, hat man es hier mit einer Theorie zu tun, die alles beschreibt, was da ist. Aber nur auf einem fundamentalen Niveau. Die Quantenmechanik erklärt, aus welchen Bausteinen die Welt zusammengesetzt ist. Sie erklärt nicht die Welt. Ich kann die Welt auch nicht erklären. Ich kann nur erklären, bis wohin die Quantenmechanik gültig ist und ab wann nicht.

Eine bemerkenswerte Entwicklung

Die Bedeutung der Quantenmechanik liegt darin, dass sie erkannt hat, was die elementaren Bausteine dieser Welt sind und wie man mit diesen elementaren Bausteinen zum Beispiel Technologie durchführen kann. Das ist das hohe Lied über die Sonnenseite der Quantenmechanik. Leider ist das nicht alles. Es gibt auch eine Schattenseite. Quantenmechanische Technologie lässt sich für die Produktion von Waffen nutzen. Die Erkenntnis, dass die Materie aus Atomen besteht, dass es unterschiedliche Atome von verschiedenen Elementen gibt, dass manche Elemente radioaktiv zerfallen und dass dieser radioaktive Zerfall sogar technologisch umgesetzt werden kann, hat in den 40er-Jahren des 20. Jahrhunderts zu einer Entwicklung geführt, die man im kosmischen Kontext – so würde ich einmal sagen – als bemerkenswert bezeichnen muss.

Die Büchse der Pandora

Die Bewohner des Planeten Nummer drei im Sonnensystem haben festgestellt, welche ungeheuren Kräfte in den Kernen

Das Foto zeigt die Explosion von Fat Man am 9. August 1945 über Nagasaki, Es war eine Plutoniumbombe und doppelt so stark wie Little Boy, die Uranbombe von Hiroshima. Einen Tag nach dem Abwurf der Bombe über Nagasaki bot Japan die bedingungslose Kapitulation an. Sie trat am 14. August 1945 in Kraft. Der Zweite Weltkrieg war zu Ende, aber die Menschheit lebte von nun an im Schrecken vor der Bombe.

Robert Oppenheimer, wissenschaftlicher Leiter des Manhattan-Projekts, verlässt im November 1945 Los Alamos, den Ort, wo die ersten Atombomben entwickelt und gebaut worden waren: »Wenn die Atombomben den Arsenalen einer kriegerischen Welt hinzugefügt werden, dann wird die Zeit kommen, in der die Menschheit die Namen von Los Alamos und Hiroshima verfluchen wird. Die Völker dieser Welt müssen sich vereinigen oder sie werden untergehen.«

von Atomen stecken. Wenn man die freisetzt, hat man eine Waffe, die Atombombe, die einem im Prinzip die Möglichkeit eröffnet, alles Leben auf dem Raumschiff Erde komplett zu zerstören. Man hat also mit der Quantenmechanik, angewandt auf die Atomkerne, eine Tür aufgemacht. Man könnte auch sagen, man hat die Büchse der Pandora geöffnet. Man hat zu einer Energiedichte gefunden – dass also in einem sehr kleinen Volumen ungeheuer viel Energie konzentriert ist –, die im wahrsten Sinne des Wortes unmenschlich ist. In weiteren Entwicklungen wurde sogar noch eine viel schlimmere Energieform entdeckt. Durch die Fusion von Atomkernen hat man eine Wasserstoffbombe gebaut, die in ihrer Sprengkraft die Atombombe noch bei Weitem übertrifft.

Die Verantwortung des Forschers

Als Lebewesen, die etwas über die Welt erkannt haben, sind wir in einer zwiespältigen Situation. Die Erkenntnisse führen auf der einen Seite dazu, dass man fantastische Maschinen entwickeln kann, hervorragende medizinische Untersuchungsmethoden, bei denen man extrem kleine körperliche Veränderungen darstellen kann, mit denen man sogar vielleicht eines Tages versteht, wie wir denken und warum wir so denken, wie wir es tun. Auf der anderen Seite aber haben wir auch die Möglichkeit, uns selbst zu zerstören.

Das heißt, diese Art der Erkenntnis, die in der Quantenmechanik steckt, zeigt unsere zweigeteilte Charakteristik als Lebewesen. Wir können gute Dinge tun, und wir können fürchterliche Dinge tun. Wenn man sich an so etwas heranwagt, sollte man sich der Verantwortung dafür, was man da treibt, unbedingt bewusst sein und nicht einfach so vor sich hinforschen.

Fluktuation

Die Quantenmechanik ist nicht nur eine Theorie, um damit Geld zu verdienen oder zu erklären, warum die Materie stabil ist. Die Quantenmechanik ist auch – wenn sie richtig ist – die Theorie, die man braucht, um den Beginn des Universums zu verstehen. Wenn die Quantenmechanik die richtige Beschreibung der physikalischen Vorgänge des Allerkleinsten ist, muss sie auch am Anfang gültig gewesen sein. Was bedeutet das? Nun, zumindest dass der Anfang des Universums ein außerordentlich schwankender war. Denn in der Quantenmechanik ist alles unbestimmt. Das heißt: Der Anfang des Universums wäre quantenmechanisch gesprochen eine Fluktuation von etwas. Aber von was? Das weiß ich auch nicht. Aber es wäre eine Fluktuation. Eine Sache, die auch ganz anders hätte kommen können. Eine Fluktuation ist etwas Schwankendes, etwas sich wellenartig Ausbreitendes. Da ist etwas passiert, das mal eben kurz über das Gleichgewicht hinausgeschossen und dann nicht wieder zurückgekommen ist.

Nehmen wir ein Pendel. So ein Pendel ist eine schöne Sache, anhand der man sich noch einmal klarmachen kann, worum es geht. Ein Pendel pendelt von einer Seite zur anderen. Zwischendurch kommt es immer wieder bei seinem Minimum an. So pendelt es hin und her. Nun könnte es aber auch sein, dass irgendjemand von außen an diesem Pendel »herumpendelt«. Dann pendelt das Pendel über alle Gleichgewichtslagen hinaus. Eigentlich müsste das Pendel natürlich wieder zurückschwingen und irgendwann zum Stillstand kommen.

Der Urknall – eine Schwankung?

Aber manche Pendel kommen nicht wieder zurück, sondern schwingen und schwingen und schwingen – und fliegen irgendwann weg. So könnte es gewesen sein. Wenn es am Anfang eine richtig starke Fluktuation gegeben hat. Genau so etwas muss der Urknall gewesen sein, der Anfang des Universums. Dabei habe ich noch überhaupt nichts vorausgesetzt von dem, was die Astronomen heute über den Anfang oder überhaupt über die Dynamik des Universums wissen. Ich bin einfach nur der Überlegung gefolgt: Wenn die Quantenmechanik die richtige Theorie für die ganz kleinen Dinge, also für die Elementarteilchen, ist und das Universum am Anfang so klein wie ein Elementarteilchen gewesen sein sollte, müsste ich den Anfang quantenmechanisch beschreiben können. Da stimmen Sie mir doch zu? Der Anfang des Universums ist also quantenmechanisch eine Schwankung. Was könnte man dann noch aus dieser Schwankung lernen? Nun, man könnte lernen, dass möglicherweise von diesen Schwankungen etwas übrig geblieben ist, dass am Anfang Energieschwankungen vorlagen, die sich dann in materielle Schwankungen verwandelt haben.

Jetzt komme ich zum großen Topf der Astronomie. Wir wissen ja ein bisschen etwas darüber, wie sich das Universum entwickelt hat. Ich mache es ganz kurz: Das Universum expandiert. Das wissen wir, das kann man messen. Wir wissen auch, dass das Universum von einer Strahlung durchsetzt ist, die heute eine Temperatur von 2,7 Kelvin hat. Das sind minus 271 Grad Celsius. Diese Strahlung ist überall im Universum fast absolut gleich – aber eben nicht ganz. Bis auf winzige Schwankungen ist sie überall gleich. Homogen und isotrop, also gleichmäßig und in alle Richtungen. Diese kosmische Hintergrundstrahlung ist der Überrest des Anfangs, des heißen Anfangs. Sie entstand 400.000 Jahre nach dem Anfang.

DIE HINTERGRUNDSTRAHLUNG

Temperaturschwankungen in der Hintergrundstrahlung, aufgenommen durch die Raumsonde WMAP (Mission 2001–2010).

Die WMAP-Raumsonde hat die plancksche Strahlungstemperatur gemessen. Die Messungen deckten den gesamten Himmel ab. Die gemessenen Temperaturfluktuationen spiegeln die Materieverteilung im Universum zum Zeitpunkt der Entkopplung von Strahlung und Materie wenige Hunderttausend Jahre nach dem vor etwa 13,7 Milliarden Jahren erfolgten Urknall wider. Die Strahlung ist insgesamt extrem homogen, die Schwankungen der Temperatur der Hintergrundstrahlung, abzulesen in den verschiedenen Farbstufen (Graustufen), relativ zum Mittelwert, der gegenwärtig bei etwa 2,7 Kelvin liegt, betragen etwa $5 \cdot 10^{-5}$.

Das kausale Quant

Ich will aber nicht in die Kosmologie abschweifen, sondern wieder zurück zur quantenmechanischen Beschreibung kommen. Wenn das Universum expandiert, kann ich natürlich gedanklich immer weiter in der Zeit zurückgehen. Dann war es früher kleiner, davor war es noch kleiner. Ich kann mich fragen, wann hat es denn eine Größe erreicht, ab der die quantenmechanischen Bedingungen und Gesetze eine Rolle spielen? Als das Universum ungefähr eine Zehnmilliardstel Sekunde alt war, war es so groß wie ein Atom. Im Grunde genommen ist es egal, ab wann es so klein – oder groß – war, denn irgendwann wird es diesen Zustand erreicht haben. Wenn es immer expandierte, war es früher irgendwann einmal so groß wie ein Atom, so groß wie ein Proton.

Wie sich herausstellt, kann man diesen Anfangszustand des Universums mithilfe der Heisenberg'schen Unbestimmtheitsrelation sogar ziemlich genau festmachen. Heisenberg teilt uns ja mit, dass du nicht unter eine bestimmte geometrische Größe kommen kannst. Darunter ist alles schwankend. Auf diese Art und Weise lässt sich eine kleinste, kausal sinnvolle Struktur im Universum angeben. Und die ist 10^{-35} Meter groß – oder besser klein. Das ist der Anfang des Universums, das ist die kausale Elementarzelle des Universums, also das kausale Quant des Universums. 10^{-35} Meter. Da können wir eine kleine Rechenaufgabe ausführen und diesen Betrag durch die Lichtgeschwindigkeit teilen. Das elementare Zeitquant dieses Universums beträgt 10^{-43} Sekunden. Die Zahl brauchen Sie sich aber nicht zu merken. Wichtig ist: 10^{-35} Meter, das sind noch 20 Größenordnungen unter der Größe eines Protons. Wenn das Universum also tatsächlich so angefangen haben sollte, dann haben wir hier ein Paradebeispiel für etwas, was ausschließlich mit der Quantenmechanik beschrieben werden muss.

Die vier Grundkräfte

Wenn wir über den Anfang des Universums nachdenken, müssen wir das immer quantenmechanisch tun. Alle Prozesse, die sich da abgespielt haben, müssten quantenmechanische Prozesse gewesen sein. Im Laufe der Entwicklung des Universums, dadurch, dass es sich zunächst ausdehnte und abkühlte – und es auch heute noch tut –, gab es verschiedene Schritte, bei denen regelmäßig Teilchenfamilien auftauchten – und Kräfte!

Wir kennen heute vier Grundkräfte: Gravitation, starke Kernkraft, schwache Kernkraft und elektromagnetische Wechselwirkung. Zu jeder Kraft gehören Teilchensorten. Elektron und Proton wechselwirken miteinander elektromagnetisch mithilfe eines Photons. Dann gibt es andere Teilchen, die weisen die schwache Wechselwirkung auf, die dafür zuständig ist, dass Atomkerne zerfallen. Die starke Wechselwirkung ist dafür zuständig, dass Atomkerne stabil bleiben. Die Gravitation kennen Sie ohnehin, Sie stehen ja mit beiden Beinen fest auf dem Boden. Diese Kräfte und Teilchen tauchen also in der Frühphase des Universums, je nach Temperatur, auf. Energie verwandelte sich teilweise in Materie. Wir kennen natürlich alle die einzige Formel, die man in der Öffentlichkeit gebrauchen darf: $E = mc^2$. Energie verwandelt sich also in Materie und Antimaterie, denn Energie hat ja keine Ladung.

Antimaterie hat genau die umgekehrte Ladung von Materie. Eigentlich hätte am Anfang alles wieder zu Energie zerstrahlen müssen. Aber es gab eine leichte Schwankung, eine leichte Fluktuation, die offenbar dazu geführt hat, dass zwar fünf Milliarden Teilchen fünf Milliarden Antiteilchen gefunden haben. Aber ein Teilchen, das kein Antiteilchen zum Zerstrahlen fand, blieb offenbar übrig. Diese winzige Asymmetrie sorgte dafür, dass es überhaupt Materie in diesem Universum gibt. Es gibt keine Antimaterie, aber immerhin, auf fünf Milliarden Photonen, fünf Milliarden Lichtteilchen, kommt ein richtiges, massebehaftetes Teil.

Quantenmechanische Fluktuationen

Der Anfang war also eine Umwandlung von Energie in Masse. Wenn wir jetzt wieder zu den Energiefluktuationen zurückgehen, werden nach einer Weile, wenn die Energie sich in Materie verwandelt, aus den Energiefluktuationen Materiefluktuationen, materielle Schwankungen. Das war am Anfang nicht so wichtig. Zu Beginn wurden diese materiellen Schwankungen von der Strahlung einfach weggeputzt. Die Strahlung hat sie praktisch ausradiert. Es gab auch so gut wie nichts, was irgendwie schwanken konnte, weil die Strahlung die Elektronen anstieß. Die Elektronen flogen davon, die Protonen liefen hinterher. Das war so ähnlich wie ein Tornado in einem Laubhaufen, alles wurde sofort wieder weggeblasen. Aber irgendwann konnten sich dann doch materielle Fluktuationen bilden.

Jetzt kommt was Wichtiges: Weil es diese anfänglichen quantenmechanischen Fluktuationen gab, die sich dann in materielle Dichtefluktuationen, also Dichteschwankungen, übersetzt haben, gibt es uns. Ansonsten hätten Sie jetzt nichts zu lesen und ich nichts zu schreiben. Was passiert hier? Dichteschwankungen bedeuten einmal geringere Dichte, einmal höhere Dichte. Was heißt höhere Dichte? Da kommt die Königin der Kräfte ins Spiel, die Gravitation.

Die elektromagnetische Kraft, positive und negative Ladung, ist abschirmbar. Eine positive Ladung schirmt eine negative ab. Das gibt es bei der Gravitation nicht. Die Gravitation ist immer anziehend. Sie ist die schwächste aller Kräfte, aber am Ende gewinnt sie immer. Sobald es also im Universum irgendwo ein bisschen dichter ist als in der Umgebung, greift sich die Gravitation das Material. So konnten ungefähr 400.000 Jahre nach dem Beginn des Universums Dichteschwankungen im Gas – Wasserstoff und Helium – ganz langsam, aber stetig zu Galaxien heranwachsen.

Der wahre Hammer ist – und ich hoffe, Sie haben es nicht vergessen –, dass während dieser gesamten Phase das Universum expandiert! Das fliegt auseinander! Normalerweise würde die Teilchendichte während der Expansion abnehmen. Es verdünnt sich alles. In einem ordentlichen Universum wäre das Material völlig gleich verteilt. Aber dank dieser quantenmechanischen Fluktuation vom Anfang gab es immer eine Schwankung von Material. Wenn diese Dichteschwankung stark genug war, dann konnte sich die Materie von der allgemeinen Expansion entkoppeln. Das heißt, die lokale Schwerkraft dieser Dichteschwankungen war dominant gegenüber der Expansion. Das Material fiel einfach unter seiner eigenen Schwerkraft in sich zusammen. Die quantenmechanischen Fluktuationen vom Anfang sind der Grund dafür, dass sich Galaxien bilden konnten. Es kommt aber alles noch viel schlimmer.

Dunkle Materie

Ich rede hier nicht von der leuchtenden Materie, also dem Zeug, aus dem wir bestehen, Protonen, Neutronen, Elektronen. Das ist ein Material, das mit Licht wechselwirkt. Licht beeinflusst uns, wärmt uns. Wir bestehen aus Materie, die mit Strahlung wechselwirkt. In der Frühphase des Universums gab es das große Problem, dass die Strahlung jede Art von Fluktuation in dieser leuchtenden Materie praktisch sofort ausbügelte.

Es gibt aber eine Form von Materie, der das nicht passiert. Das ist die sogenannte *Dunkle Materie*. Sie macht nichts anderes, als nur schwer zu sein. Auch das erklärt die Quantenmechanik. Die Eigenschaften dieser sogenannten *nichtbarionischen* Dunklen Materie kann man mithilfe der Theorien über Elementarteilchen, also letztlich quantenmechanischen Theorien, verstehen.

Wir sind hier auf der Erde und schauen uns materielle Zusammenhänge an. Wir nehmen Material auseinander. Wir schauen uns an, was wir vor uns haben. Wir sezieren die Materie in immer kleinere Portionen, bis wir feststellen: Aha, dort unten in der Welt der Elementarteilchen sieht die Welt völlig anders aus. Dort haben die Teilchen Wellencharakter, und das Licht hat Teilchencharakter. Wenn ich da unten ganz genau hinschauen will, dann sehe ich nach einer Weile nur noch Schwankungen, Unschärfe, Potentialitäten. Aus dieser Kenntnis, dass die Welt im Allerallerkleinsten immer schwankend ist, kann man nun in das ganz Große gehen, ins Universum, und kann sagen: Wenn die Quantenmechanik die richtige Theorie für das Allerkleinste ist, beschreibt sie uns sogar den Anfang des Universums. Es stellt sich heraus, dass die quantenmechanischen Fluktuationen, die wir im Labor messen können, am Anfang im Universum die Voraussetzung dafür waren, dass wir überhaupt existieren. In einem expandierenden Universum hätte sich die Materie derartig gleich verteilt, dass nie Galaxien entstanden wären. Die Galaxienentstehung ist aber Voraussetzung dafür, dass genügend Gas angesammelt worden ist. In diesem Gas haben sich Sterne gebildet – wir sind wieder bei der Quantenmechanik –, diese Sterne sind Fusionsreaktoren. In Sternen verschmelzen Atomkerne miteinander. Auch das ist ein Vorgang, der in der klassischen Welt, also in der Welt, in der wir uns aufhalten, ganz und gar unverständlich ist.

Kein Leben ohne Quantenmechanik

In der klassischen Welt stoßen sich gleichnamige Ladungen ab. Wie soll man denn dann bitte schön Atomkerne miteinander fusionieren? Das geht nur, wenn man den wellenartigen Charakter der Teilchen betrachtet. Dann ist es für ein Proton sehr wohl möglich, in der Nähe eines anderen Protons zu sein. Die Aufenthaltswahrscheinlichkeit dieses Protons ist nicht null. Wenn die beiden nahe genug zusammen sein können, bilden sie einen neuen Atomkern.

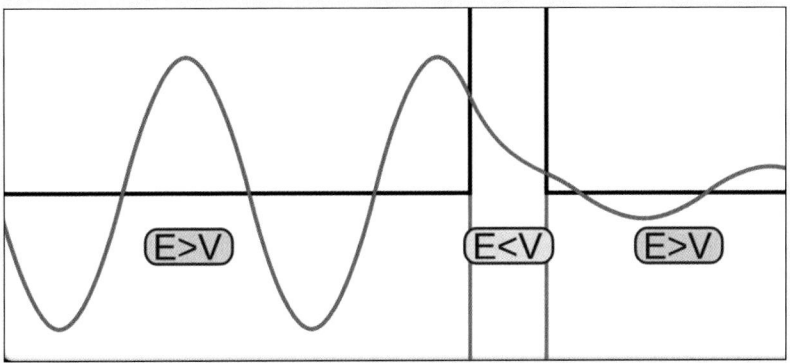

Der Tunneleffekt ist eine der sonderbarsten Eigenschaften der Quantenmechanik. Quantenteilchen können von einem Ort zum anderen tunneln. Es ist das verschwommene, wellenartige Verhalten, das den Quantenteilchen ermöglicht, eine Energiebarriere zu durchtunneln. Ein Teilchen kann auf der einen Seite einer Barriere verschwinden und zeitgleich auf der anderen Seite wieder auftauchen.

Die Skizze zeigt, wie ein Teilchen von links kommend auf eine Potentialbarriere trifft. Die Energie (E) des getunnelten Teilchens bleibt gleich, nur die Amplitude der Wellenfunktion wird kleiner und somit die Wahrscheinlichkeit, das Teilchen aufzufinden.

Ohne den Tunneleffekt würden unsere Sonne und andere Sterne nicht strahlen.

Ein Proton verwandelt sich in ein Neutron. Auch das ist ein rein quantenmechanischer Prozess. Dann wird aus zwei Deuteriumkernen ein Heliumkern gebaut. Alles Licht der Sterne stammt aus Atomkernen. Diese verhalten sich quantenmechanisch. Mit dem quantenmechanischen Tunneleffekt lässt sich verstehen, warum dieses Universum von Licht durchsetzt ist.

Aber tatsächlich sind es im Elementarsten die Schwankungen des Anfangs, die dafür gesorgt haben, dass sich in diesem Universum ein Netz bilden konnte. Ein Netz von Galaxien, die sich zu Galaxienhaufen verdichtet haben. Innerhalb der Galaxien haben sich Sterne gebildet. Diese Sterne haben alle schwereren Elemente erzeugt – alle. Wenn Sie als Kohlenstoffeinheit lesen, was ich da schreibe, dann kommuniziert Sternenstaub mit Sternenstaub. Ein gewaltiger Materiekreislauf in den Galaxien hat dann zumindest auf einem Planeten – vielleicht bei vielen anderen auch, das wissen wir nicht – dazu geführt, dass eine neue Existenzform im Universum aufgetaucht ist, die es vorher nicht gab, das Leben.

Vor einigen Millionen Jahren ist dann sogar – zumindest auf diesem Planeten – eine intelligente Lebensform entstanden, die angefangen hat, Fragen zu stellen. Das Universum fragt sich damit quasi selbst: »Was mache ich hier eigentlich?« Die Quantenmechanik ist eine dieser fantastischen intellektuellen Leistungen dieser Lebewesen auf einem blauen Planeten, der wahrscheinlich zu den paradiesischsten im ganzen Universum gehört.

Stellen wir weiter Fragen, ohne dieses Paradies zu zerstören.

ÜBER DEN AUTOR

Prof. Dr. Harald Lesch ist Professor für Theoretische Astrophysik am Institut für Astronomie der Ludwig-Maximilians-Universität und Professor für Naturphilosophie an der Hochschule für Philosophie sowie Moderator von »Leschs Kosmos« im ZDF.

Er hat mehrere erfolgreiche Bücher veröffentlicht, darunter auch den SPIEGEL Bestseller »Die Menschheit schafft sich« – ebenfalls bei Komplett-Media erschienen.

Im Hörsaal mit Prof. Lesch

Was war die Ursache für die Entstehung des Universums? Wie ist die Wissenschaft eigentlich auf die Idee gekommen, dass das Universum einen Anfang gehabt hat? Und warum hat die Physik bis heute keine Antwort darauf, was vor dem Urknall gewesen ist?

Der Astrophysiker Harald Lesch nimmt seine Leser mit auf eine Reise durch die Welt der dunklen Materie und Energie, der Schwarzen Löcher und der Inseln des Lichts bis hin zum Tanz der Galaxien. Darüber hinaus stellt er als Naturphilosoph die Grundfrage: »Was ist überhaupt die Welt?«.

- *Unterhaltsame Einblicke in das Weltall*

- *Lesch veranschaulicht die revolutionärsten Theorien*

256 Seiten
ISBN: 978-3-8312-0445-8 | € 14,99

KOMPLETTMEDIA

Ab heute leben wir auf Pump

Wir zerstören unseren Planeten mit großer Geschwindigkeit. Wirtschaft, Wissenschaft und Technik haben die Erde fest im Griff. Sei es bei der Ausbeutung der Bodenschätze, bei der Erwärmung und Verpestung der Lufthülle oder der Verschmutzung der Weltmeere. Energiehunger und virtuelles Kapital treiben einen zerstörerischen Kreislauf an. Schaffen wir uns selbst ab, wenn wir so weiter machen?

- *Harald Lesch dokumentiert das Zeitalter der Menschen*
- *Wie sieht die Zukunft aus?*

520 Seiten
ISBN: 978-3-8312-0424-3 | € 29,95